A Física e suas Maravilhas
Estudando Física Brincando.

Índice
Capítulo 1: A Física no Cotidiano
Capítulo 2: A História da Física e suas Contribuições
Capítulo 3: Conceitos Fundamentais de Física
Capítulo 4: O Método Científico e suas Aplicações
Capítulo 5: Criando um Dispositivo Simples com Física
Capítulo 6: A Importância da Criatividade na Física
Capítulo 7: Física e Tecnologia Moderna
Capítulo 8: A Relação entre Física e Sustentabilidade
Capítulo 9: Experimentos Práticos no Ensino de Física
Capítulo 10: Carreiras e Oportunidades em Física

Capítulo 11: Participação em Feiras de Ciência
Capítulo 12: Reflexões Finais e Desafios Futuros

Querido leitor,
É com grande entusiasmo que dou as boas-vindas a você na jornada que se inicia com a leitura de "A Física e suas Maravilhas". Ao abrir

estas páginas, você entra em um universo fascinante, onde o conhecimento se entrelaça com a curiosidade e a imaginação. Este livro não se limita apenas a expor os princípios que regem o nosso mundo físico, mas busca cultivar em você uma apreciação pela beleza da ciência e seu impacto extraordinário em nossas vidas diárias.

Desde tempos imemoriais, a física tem sido a chave para compreendermos a realidade que nos cerca. Não se trata apenas de fórmulas e teorias, mas de uma ferramenta poderosa que nos permite desvendar os mistérios do universo. A física está presente em todos os aspectos do nosso cotidiano — na luz que ilumina nossos caminhos, nas forças invisíveis que movem objetos, e nas tecnologias surpreendentes que facilitam nossas interações. Aqui, convido você a refletir sobre como cada uma dessas maravilhas não é fruto do acaso, mas o resultado de anos de investigação, descoberta e inovação.

Ao longo das páginas deste livro, você encontrará uma narrativa rica e envolvente que explora os conceitos fundamentais da física, desde as leis do movimento de Newton até a revolução quântica que transformou nossa compreensão da matéria. Cada capítulo foi cuidadosamente elaborado para não apenas transmitir conhecimento, mas também inspirar sua criatividade e curiosidade. Essa caminhada culminará em um desafio empolgante: a construção de um dispositivo simples utilizando os conceitos aprendidos, uma oportunidade para você aplicar sua imaginação e conhecimentos de forma prática e significativa. Quem sabe, essa experiência não desperte em você o desejo de se tornar o próximo inventor que mudará o mundo?

Além disso, destacaremos a importância da física na tecnologia moderna e a sua intersecção com o desenvolvimento sustentável. Em um mundo diante de desafios ecológicos sem precedentes, compreender como a física pode contribuir para soluções inovadoras é mais relevante do que nunca. Por meio do conhecimento científico, podemos vislumbrar um futuro mais promissor e sustentável, e cada um de nós tem um papel significativo a desempenhar nessa transformação.

Ao chegarmos ao final do percurso, você será convidado a reflexões profundas sobre a presença da física em sua vida cotidiana e as formas como pode aplicar o conhecimento adquirido para enfrentar desafios futuros, não apenas acadêmicos, mas também pessoais. O livro apresentará inspiradoras oportunidades de carreira em física e ciências, incentivando você a continuar explorando o tema além das paredes da sala de aula. É meu desejo que você, ao se deparar com novas ideias, sinta-se motivado a participar de feiras de ciência e projetos que instiguem seu espírito inovador e experimental.

O que espero ao término desta leitura é que você compreenda que "A Física e suas Maravilhas" não é apenas um manual escolar, mas um convite a ver a vida com outros olhos. Uma jornada que lhe permitirá notar a mágica das coisas mais simples, transformando o cotidiano em uma sequência de eventos extraordinários. Um epílogo emocionante, da história de um aluno inspirado por suas páginas, poderá ilustrar como o aprendizado pode realmente abrir portas para um futuro brilhante e inovador.

Portanto, prepare-se para embarcar nesta aventura repleta de conhecimento, curiosidades e desafios. Que sua mente esteja aberta, sua curiosidade aguçada e sua criatividade em efervescência. A física não é apenas um campo de estudo; é uma manifestação de tudo o que somos e do que podemos conquistar.

Muito obrigado por permitir que eu faça parte do seu processo de aprendizagem. É uma honra guiar você nesta jornada.

Com prazer,
Ezequias de Souza Ferraz Júnior

Capítulo 1: A Importância do Ensino de Física no Ensino Médio

A física, ao longo da história, sempre se destacou como uma das ciências mais fundamentais para o entendimento do universo que nos cerca. No contexto educacional, especialmente no ensino médio, essa disciplina assume um papel crucial. O ensino de física não é apenas sobre fórmulas e teorias abstratas; ele é, essencialmente, uma porta de entrada para compreender a lógica que rege o mundo. Desde os movimentos dos planetas até a eletricidade que ilumina nossas casas, os conceitos físicos são a base para diversas áreas do conhecimento. Esta interconexão não só oferece aos alunos um entendimento mais profundo da realidade, mas também promove uma visão holística que é vital na formação de cidadãos críticos e informados.

Ao olhar para as ciências como um panorama integrado, notamos que a física é interdependente de outras disciplinas, como matemática, química e biologia. Cada uma dessas áreas contribui para a nossa compreensão do universo, e a física, de maneira singular, fornece as ferramentas que nos ajudam a desvendar não apenas os princípios que governam a natureza, mas também as leis que impactam nosso cotidiano. Por exemplo, a matemática é frequentemente a linguagem utilizada para expressar as relações físicas, enquanto a química e a biologia nos dão perspectiva sobre como esses princípios se manifestam em fenômenos naturais.

Os alunos estão rodeados por uma infinidade de aplicações práticas da física diariamente, mesmo que não percebam. Quando respiramos, observamos a luz ou usamos um aparelho eletrônico, a física está em ação. Essa realidade concreta deve ser incorporada ao ensino, de modo que os estudantes possam ver a relevância dos conteúdos que aprendem. Um exemplo magnífico é o conceito de gravidade: uma força que não apenas governa a queda de uma maçã, mas que também é essencial para a nossa própria movimentação na terra. Olhando pela ótica do cotidiano, as aulas de física podem explorar experiências simples — como uma bola quicando ou um carro em movimento — para demonstrar que a física não é uma ciência distante, mas uma parte vibrante e integral de nossas vidas.

    Concluindo essa introdução ao tema, é crucial que a educação formal em física no ensino médio não apenas transmita conhecimento, mas também desperte amizades. É um convite à exploração, à descoberta e à valorização do pensamento crítico. À medida que os estudantes mergulham no universo da física, eles se tornam mais do que meros receptores de informações. Eles se transformam em observadores conscientes do mundo, prontos para questionar, investigar e aplicar o que aprenderam em suas vidas e em sua futura carreira. Esta jornada educacional é, portanto, uma experiência de empoderamento, onde conhecimento e curiosidade andam de mãos dadas, abrindo portas para um futuro iluminado pela ciência.

O estudo da física no ensino médio não é apenas uma obrigação curricular; é uma alavanca poderosa para o desenvolvimento das habilidades cognitivas dos alunos. Assim como um artista precisa de pincéis e tintas para criar, os estudantes se armam de conceitos físicos para moldar sua capacidade de análise e raciocínio crítico. Esse processo vai além dos limites da sala de aula, refletindo-se em suas vidas diárias e em várias disciplinas acadêmicas.

A física instiga os alunos a se questionarem, a afastar a visão superficial dos fenômenos do cotidiano. Quando um estudante aprende sobre a energia cinética, por exemplo, não está apenas decorando uma fórmula. Ele começa a entender como essa energia se transforma em movimento e como isso se aplica em situações práticas, como andar de bicicleta ou participar de um jogo de futebol. Essa conscientização não só melhora seu desempenho em física, mas também em matemática e ciências naturais. O desenvolvimento do raciocínio lógico e da capacidade de resolução de problemas provocados pelo estudo da física pode ser um diferencial significativo na vida acadêmica dos jovens.

Diversas pesquisas sustentam a ideia de que realizar atividades práticas relacionadas à física impacta positivamente a percepção dos alunos sobre a própria capacidade de aprender.

Essas experiências sensoriais, como construir um pequeno circuito elétrico ou experimentar com os princípios da acústica utilizando instrumentos musicais, mostram que a física não é apenas uma coleção de regras a serem memorizadas, mas uma disciplina vibrante que se conecta de forma dinâmica com a realidade. À medida que os alunos se envolvem em projetos e experimentos, eles não apenas consolidam seu conhecimento, mas também desenvolvem autoconfiança, fundamental para o aprendizado ao longo da vida.

Além disso, a física proporciona uma abordagem única para a resolução de conflitos e a tomada de decisão. Em um mundo que frequentemente exige inovação e criatividade, aqueles que compreendem os princípios da física estão mais bem preparados para pensar fora da caixa. Ao serem desafiados a achar soluções para problemas, como a construção de um modelo de ponte com materiais recicláveis ou a otimização de um dispositivo para captar energia solar, os alunos aprendem que as limitações muitas vezes estão apenas em suas mentes. É nessa liberdade de pensamento que nasce a verdadeira inovação.

Portanto, ao enfatizarmos os benefícios cognitivos do estudo da física, estamos não apenas defendendo sua inclusão no currículo escolar, mas promovendo um estilo de aprendizado que valoriza a curiosidade e a exploração. Esses jovens, ao se tornarem mais críticos e criativos, serão os líderes do amanhã, capacitados não apenas para entender o mundo ao seu redor, mas também para transformá-lo. E assim, o ensino de física no ensino médio se revela não apenas um requisito escolar, mas uma poderosa ferramenta para levar adiante as mentes inquietas que se tornará a espinha dorsal de inovações futuras.

Na jornada da educação, floresce a importância de formar não apenas estudantes, mas pensadores, inventores, cientistas e criadores — indivíduos que abraçarão a complexidade da vida e a transformarão em conquistas significativas.

A física é uma ferramenta extraordinária que não se limita a fórmulas e teorias, mas se transforma em um verdadeiro campo de exploração de criatividade e inovação. O estudo dessa ciência é essencial para entender o funcionamento do mundo e, mais do que isso, para formar indivíduos capazes de pensar critico e resolver problemas de forma eficaz. Inevitavelmente, a física abre portas para a expressão da imaginação, tornando a aprendizagem uma experiência envolvente e transformadora.

Para ilustrar esse ponto, podemos pensar em projetos simples que os estudantes podem desenvolver, como a construção de uma catapulta. A criação desse dispositivo estimulante pode ajudar os alunos a compreenderem princípios como a energia potencial e a conversão de energia. A proposta é que, ao projetar e construir uma catapulta, os alunos não apenas se deparam com as leis da física em teorias, mas também as vejam efetivamente em ação, promovendo a experimentação ativa. Essa vivência prática demonstra que a física é uma parte integrante da inovação tecnológica e da criatividade.

Aqui, a interdisciplinaridade também ganha destaque, quando os alunos são incentivados a aplicar conhecimentos de matemática, arte e ciências naturais durante esse processo criativo. Ao trabalhar em equipe e colaborar na construção de suas catapultas, os estudantes não só aprendem sobre conceitos físicos, como também desenvolvem habilidades sociais e emocionais, como comunicação, empatia e resolução de conflitos. O resultado é um ambiente onde a aprendizagem se torna um empreendimento comunitário, cultivando relações interpessoais significativas.

O impacto da física se estende além das aulas, pois a vinculação com a tecnologia moderna é inegável. Olhando para as invenções e revoluções que advêm desse campo do saber, encontramos a história de grandes inventores como Thomas Edison e Nikola Tesla. Cada um deles usou os princípios da física para criar inovações que mudaram o cotidiano da sociedade. Esses exemplos não só inspiram os alunos, mas também demonstram que as ideias inovadoras frequentemente nascem da curiosidade e da exploração científica—um recurso fundamental no desenvolvimento de novas tecnologias que podem transformar o mundo.

Como instigadores da criatividade, os educadores têm o papel de guiar e encorajar os estudantes a encontrarem suas próprias soluções inovadoras. A infusão de práticas que incentivam a criatividade no ensino de física pode ativar o potencial oculto dos alunos, levando-os a autodescobertas significativas. Atividades que incentivam o pensamento crítico ilustram como a física não é apenas uma disciplina, mas um veículo para a inovação e a criatividade, criando não somente cientistas, mas visionários preparados para os desafios do futuro.

Diante da consciência da sustentabilidade e do entendimento do nosso impacto no planeta, a física também pode abrir discussões valiosas em torno de tecnologias ecológicas e práticas que promovem o desenvolvimento sustentável. Isso instiga os alunos a refletirem sobre a responsabilidade que eles, como futuros cientistas e inovadores, têm em contribuir para um mundo melhor. O âmbito da física se torna, assim, um espaço fértil para a criação e inovação que responde às necessidades contemporâneas.

Concluindo esta reflexão, a importância do ensino de física no ensino médio se estende muito além do aprendizado acadêmico. Ela trata-se de capacitar os alunos a se expressarem criativamente, a se tornarem solucionadores de problemas e a liderar com responsabilidade. Este processo de educação teatraliza que a ciência é acessível, divertida e cheia de maravilhas, abrindo horizontes para uma nova geração disposta a enfrentar os desafios do amanhã. É a magia da física, que não só ilumina mentes, mas também acende a paixão pela descoberta e a inovação.

A discussão sobre a relação entre a física e o desenvolvimento sustentável se faz urgente e necessária em nossos dias. A física é fundamental para o entendimento das interações que afetam o meio ambiente e, portanto, se torna uma aliada imprescindível na busca por soluções inovadoras que promovam uma utilização mais consciente dos recursos naturais. Ao abordar tópicos como energias renováveis, poluição e mudanças climáticas, a física fornece a base para que os alunos não apenas compreendam os problemas globais, mas também vislumbrem soluções viáveis.

Por exemplo, conceitos de termodinâmica são essenciais para a compreensão do funcionamento das usinas solares, enquanto a teoria da relatividade se relaciona com tecnologias que utilizamos para a comunicação moderna. A construção de painéis solares caseiros ou a análise da eficiência energética em dispositivos eletrônicos são projetos que não apenas ensinariam os fundamentos físicos, mas também engajariam os estudantes em debates sobre sustentabilidade e inovação.

Um projeto prático que pode ser implementado é a construção de um coletor solar de água. Essa atividade não só ensina sobre a transferência de calor e a conservação de energia, mas também leva os alunos a ponderarem sobre a importância de utilizar fontes de energia alternativas em suas vidas cotidianas. Ao vivenciar na prática os conceitos que estudam, os jovens perceberão que a física é um meio de entender e, consequentemente, transformar a realidade à sua volta, gerando um impacto positivo no meio ambiente.

Além disso, discutir as imensas possibilidades que a física traz para a tecnologia moderna e suas aplicações em energia limpa e sistemas sustentáveis é essencial. Muitos inventores e cientistas que almejam um mundo sustentável das próximas gerações estão enraizados nos princípios da física. Esses relacionamentos demonstram que as decisões que tomamos hoje, como a adoção de tecnologias verdes, podem se converter em um legado de responsabilidade e cuidado com o planeta.

Diante desse contexto, é vital lembrar que os futuros profissionais de física e de outras ciências exatas têm nas suas mãos o poder de mudar o mundo. A educação em física precisa não apenas transmitir conhecimentos acadêmicos, mas também cultivar uma mentalidade crítica e responsável que considere não apenas a viabilidade econômica de suas inovações, mas também seu impacto social e ambiental. Portanto, ao incluir a discussão sobre desenvolvimento sustentável nas aulas de física, estamos formando não apenas cientistas, mas cidadãos comprometidos em construir um mundo melhor.

A relação entre física e sustentabilidade se estende ainda a novas áreas de pesquisa que desafiam as inovações tecnológicas hoje em dia. Um campo emergente que merece atenção é o da física quântica aplicada à criação de novos materiais, que podem revolucionar a forma como interagimos com a energia e a matéria. Projetos que incentivam os estudantes a explorar áreas como as nanociências ou as biotecnologias abrirão portas a novas descobertas, além de contribuir para uma formação extremamente rica e diversificada.

Assim, o ensino de física no ensino médio e sua conexão com o desenvolvimento sustentável se torna uma ponte entre teoria e prática. Essa interseção não apenas atrai os alunos, mas também os prepara para enfrentar os desafios da sociedade moderna, mostrando que, com criatividade e conhecimento, é possível transformar ideias em inovações que beneficiem tanto o homem quanto o planeta. A física, portanto, é uma chave que desbloqueia muitas das soluções que buscamos para os problemas contemporâneos e futuros, incumbindo a seus educadores fazerem desse aprendizado uma experiência envolvente e transformadora.

Capítulo 2: A Criatividade e Inovação no Ensino da Física

O Papel da Criatividade no Aprendizado de Física

A criatividade é uma das forças motrizes que impulsionam o aprendizado em qualquer área do conhecimento, e no ensino da física, essa afirmação se torna ainda mais relevante. Quando falamos sobre física no contexto educacional, não estamos apenas lidando com números e equações, mas, sim, com conceitos que se interligam com a vida cotidiana e as inovações que moldam o nosso mundo. Promover um ambiente onde os alunos se sintam livres para expressar sua criatividade é fundamental para facilitar a compreensão de teorias complexas e incentivar a exploração.

Um aspecto essencial que precisamos fomentar dentro e fora da sala de aula é a percepção dos alunos sobre a física não como uma matéria rígida e imutável, mas como uma disciplina viva, que se renova através da investigação e inovação. Por exemplo, já imaginou como é possível ensinar o princípio da inércia de uma maneira impactante? Ao invés de simplesmente apresentar a lei de Newton, que tal incentivar os alunos a experimentarem? Podemos solicitar que criem uma pequena cápsula de proteção para um ovo, que será lançado de uma altura, e observo como eles aplicam suas ideias sobre as forças em ação para proteger o ovo da quebra.

Esses momentos de interação prática vão muito além de aplicarem uma fórmula. Eles cultivam um sentido de propriedade sobre o aprendizado. Ao envolver a criatividade, o aluno passa a se ver na posição de cientista, inventor ou até mesmo artista — porque a física não é apenas ciência; é também uma forma de arte, onde cada conceito se entrelaça a formas, cores e movimento.

A criação de projetos interativos, como um modelo de sistema solar em miniatura utilizando materiais recicláveis ou uma exibição sobre energia renovável através de maquetes, se torna uma ferramenta eficaz para instigar a curiosidade. Você verá que, ao incentivá-los a pensar criticamente e a trabalhar em equipe, as ideias fluem naturalmente, impulsionando conversas que despertam uma verdadeira paixão pelo aprender.

Além disso, introduzir elementos artísticos nas aulas de física pode enriquecer ainda mais a proposta. Poderíamos, por exemplo, desafiar os alunos a ilustrar suas compreensões sobre os conceitos físicos através da pintura ou escultura, expressando o que para eles representa energia, movimento ou gravidade. Essa mescla de ciência e arte torna o aprendizado mais acessível, permitindo que alunos que talvez se sintam intimidados pela matemática se sintam mais confortáveis para explorar.

Desenvolver a criatividade no aprendizado da física é um caminho que vai ajudar os estudantes a revolucionarem suas relações com a ciência. As experiências que os envolverem numa dinâmica ativa e participativa acabarão criando as bases para um futuro onde eles poderão não apenas compreender a física, mas, acima de tudo, aplicar esse conhecimento na solução de problemas reais — preparando-os para serem cidadãos e profissionais críticos, comprometidos com a transformação do mundo ao seu redor.

Portanto, ao integrar a criatividade no ensino da física, não apenas estaremos melhorando a compreensão dos conceitos, mas também provendo aos alunos as habilidades necessárias para inovar e encarar os desafios do futuro com mente aberta e resolutiva. Esta abordagem poderá revelar todo o potencial que cada estudante possui, preparando-o para uma jornada em um mundo que demanda inovação e criatividade em todas as áreas.

Construir dispositivos e realizar experimentos não é apenas um exercício de repetição de fórmulas e conceitos; é, sobretudo, uma jornada de descoberta e inovação. Ao mergulharmos na prática, a física ganha vida, revelando-se mais doutrinal e emocionante do que poderia parecer nas páginas frias de um manual. Neste capítulo, vamos explorar como os alunos podem aplicar conceitos físicos básicos para criar dispositivos simples, utilizando a criatividade e o trabalho em equipe.

Um projeto que costuma encantar os jovens é a construção de uma catapulta. Esse aparelho, que remonta a tempos antigos, serve como uma excelente palestra não só sobre os princípios da mecânica, mas também sobre trabalho em grupo e pesquisa criativa. Ao elaborar a catapulta, os estudantes serão desafiados a aplicar conceitos de força, alavancas, ângulos e, claro, energia. Desde a escolha dos materiais—seja madeira, papelão ou plástico reciclado—até o design do mecanismo, cada decisão é baseada em uma compreensão mais profunda do funcionamento das forças que atuam sobre os corpos.

Durante o projeto, um aspecto crucial a ser destacado é a importância da análise e reflexão sobre o que funciona e o que não funciona. Quando a catapulta não atinge a distância esperada, os alunos são levados a investigar as razões por trás desse resultado. Será que o ângulo de lançamento estava correto? Usaram peso suficiente como contrapeso? Essas reflexões os ensinam não apenas a respeitar o processo científico, mas também a persistir diante das falhas. O aprendizado se torna assim uma parte essencial da experiência, mostrando que, em ciência, o erro não é um fim, mas sim um degrau no caminho da descoberta.

Outro projeto interessante pode ser a construção de um circuito elétrico simples. Aqui, os alunos terão a chance de ver a eletricidade em ação, criando luzes e sons com montagem de luzes LED, células solares ou pequenos motores. O momento de ver o circuito funcionando traz uma satisfação imensa, colocando em prática a teoria que aprenderam. Encorajá-los a modificar componentes, trocar a disposição dos circuitos e medir a tensão com multímetros reforça habilidades de investigação científica. Além disso, discutindo as invenções baseadas em eletricidade, como celulares ou computadores, eles irão perceber que a física é onipresente na sociedade atual.

Tais atividades práticas devem ser mais do que simples "faça e veja" — devem incentivar o debate e a colaboração. Dividir os alunos em grupos para trabalharem juntos nas implementações e darem feedback sobre as criações dos colegas torna o processo mais interativo. Isso desenvolve não apenas habilidades acadêmicas, mas também sociais. O aprendizado colaborativo aprofunda a compreensão ao permitir que os alunos compartilhem diferentes pontos de vista e criatividade.

Simultaneamente, o uso de tecnologia moderna, como aplicativos de simulação de circuitos ou plataformas de design de protótipos, pode ser uma adição intrigante ao aprendizado. Esses recursos podem abrir um leque de possibilidades, mostrando que a física e a tecnologia estão interligadas. Uma discussão sobre como os princípios da física impulsionam inovações como a robótica ou a inteligência artificial permitirá que os alunos vejam as numerosas aplicações práticas da física em suas vidas diárias e no futuro que desejam construir.

Portanto, construir e experimentar não é simplesmente uma parte do ensino da física; é a essência dela. Ao criar projetos criativos, os alunos não apenas aplicam conceitos, mas também exercitam a mente para a resolução de problemas. tornam-se capazes de lidar com o inesperado, ajustando suas teorias para se alinhar com a realidade na prática. Esses momentos de fraqueza se transformam em poderosas lições de vida, mostrando que na física, como na vida, cada falha é uma oportunidade para aprender e crescer.

A física permeia todos os aspectos da tecnologia moderna, e neste mundo contemporâneo, entendê-la se tornou uma necessidade crucial. Quando falamos de nanotecnologia, por exemplo, estamos lidando com a física em sua forma mais intrínseca — a manipulação da matéria em nível atômico e molecular para criar materiais e dispositivos que podem transformar indústrias inteiras. Imagine a possibilidade de criar tecidos que se limpam sozinhos ou computadores que nesse nível de eficiência trazem benefícios imensos!

Além disso, a física é a base para o desenvolvimento de tecnologias energéticas sustentáveis, como turbinas eólicas e painéis solares. Essas inovações estão revolucionando a maneira como obtivemos e consumimos energia. Portanto, ao discutirmos a relevância da física para a tecnologia moderna, estamos falando não apenas de gadgets, mas de mudanças profundas nas estruturas sociais e ambientais.

Os estudantes, ao se depararem com as inovações tecnológicas, são encorajados a se perguntar: "Como isso funciona?" e "Que princípios físicos estão em ação?" Essas indagações são o ponto de partida para a exploração de um mundo de descobertas. É fundamental que os alunos desenvolvam um entendimento claro das leis que regem a física para que possam aplicar esse conhecimento criativo e inovador em suas próprias vidas, não apenas em sua formatura, mas em suas carreiras futuras.

Uma estratégia prática que as escolas podem adotar para demonstrar a aplicação da física na tecnologia é o uso de demonstrações e experimentos que se conectam com a vida cotidiana dos alunos. Por exemplo, ao realizar uma atividade onde eles projetam simples dispositivos que convertem energia solar em eletricidade, eles não apenas entendem os conceitos de fotovoltaicos, mas experimentam a empolgação da criação.

Além disso, outra forma de encorajar a inovação é contar histórias inspiradoras de inventores que usaram os princípios da física para realizar avanços significativos. Histórias de mentes brilhantes como Nikola Tesla e Thomas Edison não apenas capturam a atenção, mas também servem como um farol para as futuras gerações de cientistas e inventores. Ao conhecerem suas lutas e sucessos, os alunos se inspiram a explorar suas curiosidades e a seguir suas próprias paixões.

Ademais, vale ressaltar o papel da interdisciplinaridade no ensino da física. Conectar a física com disciplinas como química, biologia e até mesmo ciências sociais pode proporcionar aos alunos uma visão global mais rica. Essa conexão é crítica para a formação de cientistas que não apenas dominem a teoria, mas que possam aplicá-la em contextos reais e complexos, como a análise de problemas ambientais ou no desenvolvimento de soluções tecnológicas.

Em resumo, ao explorar a relação entre a física e a tecnologia, incentivamos nossos alunos a abraçarem a criatividade e a inovação. Eles se tornam, assim, não apenas consumidores de tecnologia, mas também criadores. Revelar a mágica da física e suas aplicações transforma o aprendizado, equipando a próxima geração com as ferramentas para enfrentar os desafios do futuro. O ensino de física, portanto, deve ir além da sala de aula; ele precisa inspirar a mente e nutrir o coração dos estudantes, tornando-os agentes de mudança em um mundo que exige mais do que nunca — conhecimento e inovação.

A interdisciplinação no ensino da física é uma chave poderosa para formar jovens com uma compreensão mais abrangente do mundo. Durante este bloco, é essencial demonstrar aos alunos que a física não opera em um vácuo, mas sim se entrelaça perfeitamente com outras ciências. Quando unimos a física ao desenvolvimento sustentável, criamos um espaço de aprendizado rico, onde os estudantes não apenas assimilam teorias, mas também se sentem desafiados a aplicar seu conhecimento para resolver problemas do cotidiano.

Um excelente exemplo para tornar isso tangível é a proposta de um projeto interdisciplinar que envolva a biologia e a química junto com a física. Ao estudar os impactos das energias renováveis, por exemplo, os alunos podem explorar como a energia solar se transforma e é utilizada em diferentes contextos. Eles poderiam criar maquetes de painéis solares e calcular a energia que esses dispositivos podem gerar sob diferentes condições de luz, discutindo as implicações para o meio ambiente. Essa abordagem prática confere aos alunos uma compreensão completa dos princípios de funcionamento, aliados a uma consciência ambiental.

Ademais, podemos incorporar conceitos de ciências sociais ao abordar temas como justiça ambiental. Discutir como as inovações em física e tecnologia podem não só gerar progresso, mas também impactar comunidades vulneráveis, permite que os alunos vejam a física como uma ferramenta de transformação social. Ao unirem esforços em um projeto que analisa a eficiência desses dispositivos em diferentes contextos sociais, eles notam que a física se conecta com as aspirações coletivas, aproximando-os de um aprendizado reflexivo e engajado.

Além disso, outra sugestão empolgante é a realização de feiras de ciências, onde alunos de diferentes disciplinas podem expor projetos que refletem o aprendizado interdisciplinar. Ao incentivá-los a trabalhar colaborativamente e respeitando as áreas de conhecimento, a competição saudável se torna uma forma de reconhecer o trabalho em equipe e a criatividade.

Os alunos se tornam não apenas participantes, mas oradores e defensores de suas ideias, aumentando a motivação pelo aprendizado.

A conexão entre física e desenvolvimento sustentável também pode ser visualizada em temas próximos à realidade, como o ciclo de tratamento de água. Os alunos podem explorar e medir o impacto que o uso da física, em conjunto com as ciências biológicas, tem na eficiência dos processos de purificação e reutilização de recursos hídricos. Trabalhar com investigações práticas sobre a eficácia de diferentes métodos, como a filtragem ou a evaporação, fomentará uma iniciativa consciente em prol do meio ambiente, enquanto solidifica conceitos físicos essenciais.

Um aspecto crucial ao unir a física com outras disciplinas é que isso cria um espaço para automaticamente engajar e inspirar a criatividade dos estudantes. Cada descoberta e projeto se transforma em uma oportunidade de narração, onde investimentos feitos na educação transcendem as paredes da sala de aula. Ao incentivá-los a ver a ciência como um campo de exploração em vez de um mero acúmulo de informações, despertamos um senso de paixão e responsabilidade que ultrapassa a simples busca por notas altas.

Em suma, ao promover a interdisciplinação e fazer vínculos entre a física e o desenvolvimento sustentável, os educadores têm a capacidade de formar estudantes mais reflexivos, motivados e preparados para enfrentar os desafios do futuro. Esse caminho não só transforma indivíduos em pensadores críticos, mas também os torna agentes de mudança em suas comunidades e no mundo. O ensino da física, assim, se desdobra em uma ponte que conecta conhecimento, prática e ética, abrindo perspectivas para um desenvolvimento mais harmônico e responsável em um mundo em constante transformação.

Capítulo 3: Aplicações Práticas e Criativas da Física no Cotidiano

Conexões da Física com o Cotidiano

Quando pensamos na física, muitas vezes nossa mente evoca imagens de cálculos complexos e teorias sofisticadas. No entanto, a verdadeira essência da física se revela em seu papel intrínseco no cotidiano. A física está presente em tudo que fazemos, desde o simples ato de caminhar até o funcionamento avançado de um smartphone. E é exatamente essa conexão com a vida diária que queremos explorar. Vamos refletir sobre como os conceitos físicos moldam nossas rotinas e como podemos percebê-los nas situações mais comuns.

Imagine a cena de uma tarde ensolarada em que você sai para andar de bicicleta. O vento bate em seu rosto e, à medida que você pedala, sente a resistência do ar contra seu corpo. Essa experiência não é apenas uma interação livre; ela está repleta de conceitos físicos que atuam diretamente em você. A força de atrito entre os pneus e o solo, a gravidade puxando você para baixo e o movimento circular que ocorre quando você vira a esquina, todos são princípios fundamentais da física em ação.

Outro exemplo intrigante é o fenômeno da chuva. Ao olhar pelas janelas em um dia chuvoso, muitos se sentem inclinados a pensar somente na inconveniência que ela causa. Mas, no fundo, ocorre uma série de reações físicas. As gotículas de água se formam através da condensação do vapor atmosférico, e a gravidade faz com que elas caiam. Aqui, podemos usar a chuva como um divisor de águas para entender os conceitos de pressão atmosférica e a dinâmica dos fluidos. Que tal pensar na possibilidade de realizar uma atividade em sala de aula onde os estudantes mediçam o tempo que leva para a chuva escorrer pelas superfícies? É uma maneira de vivenciar a física mesmo em situações indesejadas.

Ademais, o uso de dispositivos eletrônicos, como celulares e tablets, também é uma perfeita ilustração da aplicação de princípios físicos. Penetraremos em como a eletricidade, suporta os circuitos e a termodinâmica são fundamentais para o funcionamento desses aparelhos. Essa abordagem não apenas ajuda os alunos a entenderem a ciência por trás de suas ferramentas diárias, mas também promove uma reflexão sobre quão ricos e complexos são os encontros diários que temos com a física.

    A partir desses exemplos práticos, a mente dos alunos se prepara para perceber que a física não é uma disciplina distante; é, na verdade, uma parte vital da realidade que molda nossos dias. Para esse entendimento, é crucial incentivá-los a fazer perguntas, investigar e, assim, se tornarem curiosos exploradores em vez de meros receptores de informações. Se conseguirmos despertar essa curiosidade, a física poderá ser vista não como um obstáculo, mas como uma oportunidade para uma rica exploração do mundo ao nosso redor.

    Assim, este segmento do nosso capítulo estabelece o alicerce para postes futuros. Exercitar a mente dos alunos e guiá-los em direção ao entendimento da aplicação da física em suas vidas diárias nos preparará para conectá-los ao próximo desafio: construir e transformar essa intuição em prática através de dispositivos simples e experiências interativas.

Construindo Dispositivos Simples

    A energia criativa que permeia a sala de aula ao se pensar em projetos práticos é verdadeiramente contagiante. Quando os alunos são convidados a construir uma catapulta, por exemplo, eles não se tornam apenas construtores; eles se tornam inventores, experimentadores e, acima de tudo, curiosos exploradores do mundo da física.

Para iniciar esse projeto, cada grupo recebe uma variedade de materiais – palitos de picolé, elastêmios, colas e até mesmo pequenos recipientes que podem funcionar como a carga a ser lançada. A questão que logo surge no ar é: "Como podemos fazer nossa catapulta lançar um objeto o mais longe possível?" Essa pergunta simples desencadeia um mar de ideias, discussões acaloradas e muitos rascunhos. Os jovens se reúnem, discutindo as propriedades da força e da alavanca, tentando visualizar como cada elemento se encaixa para otimizar o desempenho de seu equipamento.

E assim, enquanto trabalham nas construções, o que realmente acontece é um aprendizado em ação. Eles descobrem que, às vezes, o que parecia ser uma solução criativa não se traduz na prática. As primeiras tentativas de lançamento muitas vezes terminam em fracasso, e isso não é apenas aceitável, mas é fundamental. Quando um aluno observa que sua catapulta não atinge a distância desejada, ele não desiste; ao contrário, inicia uma investigação minuciosa. "O ângulo de lançamento está errado? Usamos peso suficiente como contrapeso?" Cada resposta descoberta traz consigo um novo entendimento sobre as forças envolvidas.

O diálogo entre os estudantes neste processo recria as condições que um cientista vive ao resolver um problema real. Neste espaço colaborativo, eles exercitam não apenas a física, mas valores como resiliência e trabalho em equipe. Ao final, o desafio se revela não apenas na construção da catapulta, mas na capacidade de alterar suas abordagens e de refletir sobre como pequenos ajustes podem - de fato - fazer uma grande diferença.

É fato que a verdadeira ciência se faz através da experimentação e da reflexão, e isso se torna evidente em um exercício simples como este. Os estudantes, ao discutirem as falhas e observações, estão, na verdade, formando a espinha dorsal de um pensamento crítico que transcende a sala de aula. Ao perceberem que cada erro é uma oportunidade de aprendizado, eles internalizam uma das lições mais valiosas da física – que conhecimento não é estático, mas uma construção contínua.

Refletir sobre o que funcionou ou não ao longo do processo representa uma mudança de mentalidade significativa. Aqui, o erro se torna um aliado, não um inimigo. Dispostos a ajustar seus projetos, os alunos experimentam diferentes configurações, uma vez que a física se revela diretamente em suas tentativas de otimização. E, finalmente, quando a catapulta lança com sucesso, o que se origina desse ato é muito mais do que a satisfação de um resultado positivo; é um triunfo sobre as dúvidas e a prova de que a curiosidade e a criatividade canalisadas em ação podem resultar em aprendizado memorável e significativo.

Tecnologia Moderna e Física

A interseção entre a física e a tecnologia moderna representa um campo fascinante e de vital importância, não só para a ciência, mas para o cotidiano da sociedade contemporânea. A cada dia, dispositivos sofisticados que utilizamos dependem de princípios físicos fundamentais, conectando a esferas que, inicialmente, podem parecer distantes: a teoria científica e a utilidade prática. Neste segmento, vamos nos aprofundar em como a física fundamenta várias inovações tecnológicas e prepararmos os alunos para serem mais do que meros consumidores, mas criadores ativos nesse mundo.

Comecemos reconhecendo a eletricidade, uma das maiores invenções da humanidade, essencial para o funcionamento de toda a tecnologia moderna. O simples ato de ligar um dispositivo é uma manifestação de diversas leis e conceitos físicos em ação. Por exemplo, ao montarmos um circuito elétrico simples, os alunos têm a chance de vivenciar como a tensão, a corrente e a resistência interagem para permitir que a eletricidade flua. Para essa atividade, utilizaremos materiais acessíveis, como pilhas, fios e lâmpadas LED. A emoção ao ver uma lâmpada acender pela primeira vez é um momento de realização que solidifica o entendimento sobre esses conceitos.

Durante o processo de construção do circuito, é essencial que os alunos trabalhem em equipe e discutam suas descobertas. À medida que avançam nas montagens, encoraje-os a pensar criticamente: "O que aconteceu quando trocamos os fios? A lâmpada acendeu mais brilhante ou mais fraca? O que seria necessário para aumentar a intensidade da luz?" A discussão em torno dessas questões não só aprofunda sua compreensão teórica, mas também incentiva um espírito investigativo que é a essência da prática científica.

Além do uso direto da eletrodinâmica, outro conceito que pode ser explorado é a termodinâmica, que rege princípios fundamentais que vão desde o funcionamento das geladeiras em nossas casas até motores de combustão interna. Conduzir uma experiência onde os alunos possam medir a temperatura de diferentes materiais em reações simples, como derretimento de gelo ou aquecimento de água, proporciona insights valiosos sobre o calor e sua transferência. Esses passos não são apenas experiências; eles são um vislumbre de como a física se entrelaça com a tecnologia e o cotidiano.

Ao longo do capítulo, podemos introduzir aspectos revolucionários, como a física que sustenta a era da informação — processos como computação quântica e inteligência artificial. Que tal um debate sobre como a mecânica quântica está sendo explorada para criar computadores mais rápidos e eficientes? Uma apresentação visual desses conceitos pode estender-se para discussões sobre o futuro e as novas carreiras que o mercado tecnológico está criando. Mostrar que a física é um motor de mudanças é inspirador e motiva os alunos a seguirem carreira nas ciências.

Por fim, é fundamental reconhecer que a tecnologia de amanhã será construída pelas mentes jovens de hoje. Ao capacitá-los com conhecimento e experiências práticas, estamos preparando não apenas cidadãos informados, mas também inovadores que poderão moldar o futuro. Ao encorajar a curiosidade e o espírito crítico na aprendizagem da física, cultivamos um ambiente onde a criatividade e a inovação prosperarão. Compreender a base física pode ser o primeiro passo para desenvolver soluções tecnológicas que possam trazer mudanças significativas em nossas vidas e no mundo.

Com isso, o potencial para a colaboração e a descoberta apaixonante é pleno. Este é um chamado para que cada estudante não apenas abra a mente para o mundo da física, mas também se prepare para ser um protagonista na história da inovação tecnológica que ainda está por vir.

A relação entre a física e o desenvolvimento sustentável emerge como um dos tópicos mais importantes do nosso tempo, e é fundamental para entender o papel crucial que a disciplina desempenha na construção de um futuro mais verde e equilibrado. Ao discutirmos as energias renováveis, por exemplo, os alunos podem perceber que a física não apenas explica fenômenos como a luz e a temperatura, mas também fornece ferramentas essenciais para a inovação tecnológica em busca de soluções ambientais.

Uma maneira prática de interagir com esses conceitos é através da criação de projetos que incorporam energia solar. Ao construir um coletor solar de água, os alunos têm a oportunidade de mergulhar nos princípios da termodinâmica, aprendendo como a energia do sol pode ser convertida em calor. Durante o processo, eles compreenderão, na prática, a importância da eficiência energética e as limitações do uso de recursos não renováveis.

Durante a atividade, pode-se iniciar com uma discussão sobre como os painéis solares funcionam e o que precisa ser considerado ao projetar um coletor. Este tipo de aparelho irá aquecer a água que os alunos podem medir antes e depois do processo, observando a diferença de temperatura resultante da absorção da energia solar. É uma experiência que vai além da teoria, reforçando a noção de que a física é, de fato, um aliado na busca por soluções sustentáveis.

Ao longo da construção, encoraje perguntas e a troca de ideias. "Como podemos melhorar o design para captar mais calor?" ou "O que acontece se mudarmos a inclinação do coletor?" são questões que não apenas incentivam o pensamento crítico, mas também refletem o espírito de inovação que a ciência busca cultivaar. Cada modificação feita no projeto poderá resultar em uma nova compreensão dos conceitos físicos envolvidos.

Esse projeto não é apenas uma lição de física, mas uma oportunidade valiosa para discutir os impactos das escolhas energéticas na sociedade. Os alunos podem ser estimulados a pensar sobre como as tecnologias que criam podem ser utilizadas em suas próprias vidas, reforçando a conexão entre ciência e a necessidade de uma abordagem mais consciente em relação ao meio ambiente.

Assim, ao ligarmos a física ao desenvolvimento sustentável, nós não apenas educamos futuros cientistas, mas também cidadãos conscientes.A narrativa que mostramos através de um coletor solar é um pequeno, mas poderoso, exemplo de como a física se transforma em uma ferramenta de mudança, impulsionando a inovação e plantando as sementes para um futuro mais responsável e sustentável.

Este aprendizado dinâmico enfatiza que a física é uma viva e artefato essencial da nossa realidade contemporânea. Com isso, encerramos nosso capítulo sobre as aplicações práticas da física, preparando o terreno para a reflexão final. Ao encorajarmos os alunos a discutirem suas experiências e a importância da física em suas vidas, estabelecemos não só uma base de conhecimento, mas uma profunda consciência sobre seu papel em todas as áreas da sociedade, instigando a curiosidade que é a verdadeira essência do aprendizado.

Capítulo 4: Experimentação Científica – A Física em Ação

A Metodologia Científica e Seu Impacto na Aprendizagem

A metodologia científica serve como um farol, iluminando o caminho da descoberta. Quando adentramos o mundo da física, percebemos que os grandes cientistas, cujas contribuições mudaram o rumo da humanidade, não chegaram a suas conclusões por acaso. Esses pensadores, muito antes de serem reconhecidos, usaram a dúvida como uma ferramenta, fazendo perguntas intrigantes e buscando respostas através de um rigoroso processo de experimentação.

No contexto escolar, é essencial que os alunos compreendam a relevância dessa metodologia não apenas para a física, mas para todas as ciências em geral. A integração desse conhecimento nas salas de aula pode transformar a experiência do estudante, criando um ambiente onde a curiosidade prospera. Um espaço onde as ideias se encontram, onde o erro é um amigo e a pesquisa é o caminho que leva à verdade.

Para que essa abordagem prática funcione, apresentemos algumas atividades que instigam a mente dos estudantes. Ao propor que eles desenvolvam seus próprios experimentos, as turmas são convidadas a mergulhar na essência do aprendizado. Imagine um grupo de alunos, cada um com a sua jarra de água, apenas uma balança, e a questão mágica: "Qual é a densidade de diferentes líquidos? Como eles se comportam uns em relação aos outros?" Ao medirem e registrarem com a atenção de pequenos cientistas, a física e a metodologia científica se tornam vibrantes e repletas de descobertas.

Esses projetos são mais do que simples experiências; são oportunidades de engajamento profundo. O formulador de hipóteses, o mensurador de resultados e o grande inventor — há um cientista em cada um deles. Por exemplo, ao investigar a relação entre temperatura e solubilidade, eles não só compreendem como os conceitos de química e física se entrelaçam, mas também cultivam habilidades valiosas, como o pensamento crítico e a autonomia na pesquisa.

Incentivar questionamentos à medida que os alunos experimentam e observam se traduz em um poderoso instrumento de ensino. Quando um estudante se depara com um resultado inesperado, ele deve se perguntar: "Por que isso aconteceu?" Ao invés de acomodar-se em respostas fáceis, eles aprendem a explorar um mar de possibilidades e a buscar pistas escondidas — uma atitude que está no cerne da verdadeira ciência. Este é o momento em que o erro se transforma em um ensinamento precioso, revelando a resiliência e a adaptabilidade necessárias para um pesquisador.

    Portanto, nosso objetivo é criar um espaço onde cada aluno se sinta encorajado a questionar e a desafiar, onde as ideias fluem e as vão tomando forma em algo extraordinário. À medida que avançamos neste capítulo, abriremos nosso entendimento sobre como a metodologia científica pode ser uma porta de entrada para mundos novos, cheios de conhecimento e descoberta, escrevendo juntos a história do aprendizado e da experimentação em cada aula de física.

    A jornada de aprendizado na ciência não é apenas a soma de sucessos, mas também de fracassos, experiências e reflexões que moldam a percepção dos alunos sobre o mundo. Os erros que encontramos ao longo das investigações científicas são fundamentais, não apenas para a física, mas para qualquer campo de estudo. Um erro em uma experiência não deve ser encarado como um obstáculo, mas sim como uma oportunidade valiosa de aprendizado. É aí que a verdadeira magia acontece.

Considere, por exemplo, Thomas Edison, que é frequentemente lembrado como um dos maiores inventores da história. Quando questionado sobre suas muitas falhas ao criar a lâmpada elétrica, ele simplesmente respondeu que não havia errado; ele havia encontrado milhares de maneiras que não funcionavam. Esse entendimento é profundo e deve ser incentivado em sala de aula. Ao discutir como Edison transformou cada erro em aprendizado positivo, os alunos são levados a ver o erro como parte do processo e não como um fim.

Ao envolver os alunos em experiências práticas, devemos criar um ambiente onde a falha é não apenas aceita, mas celebrada. Imagine a emoção de um estudante que, após várias tentativas mal-sucedidas ao construir um carro movido a água, finalmente descobre a fórmula correta. O êxito dessa experiência não se limita apenas à vitória final, mas abrange todo o processo de tentativa e erro, experimentação e descoberta.

Ademais, devemos estimular discussões em grupo sobre o que cada aluno aprendeu com suas falhas. "O que você faria diferente se tivesse outra chance?" ou "Como você pode aplicar essa lição em outros projetos?" são indagações que não apenas motivam a reflexão crítica, mas também promovem a construção de uma mentalidade inovadora. A resiliência que se forma nessa troca de ideias é um aspecto chave para formação de cientistas e pensadores criativos.

Sucessos e fracassos na ciência também estão interligados em histórias inspiradoras de projetos que mudaram mundos. Cada história, seja de um grande feito ou um humilde começo, tem a capacidade de motivar e incentivar os estudantes a continuarem suas próprias jornadas. Muitas vezes, esses relatos são recuperados em feiras de ciências ou apresentações escolares, onde os alunos podem compartilhar suas experiências de uma maneira envolvente.

Assim, além de guiá-los para entender os princípios científicos através de experiências práticas, nosso papel é também equipá-los com a atitude que cultivarão ao longo da vida. É vital que entendam que cada erro é uma pequena vitória, cada tentativa um passo em direção ao apogeu da descoberta. Portanto, trabalho conjunto e repetição são peças essenciais desse quebra-cabeça.

Como espectadores angustiados ou participantes atentos, a apreciação do processo de aprendizado começa. O desenvolvimento de um caráter resiliente e curioso pode ser o anúncio de grandes inventos e descobertas no porvir. A física se torna, então, muito mais que fórmulas e teorias; se transforma em uma jornada fascinante de possibilidades. Este guia que discutimos é parte do caminho, um convite ao entendimento profundo que aguarda aqueles que ousam questionar e explorar.

Desenvolver projetos colaborativos que envolvam a comunidade é uma maneira poderosa de integrar a física no cotidiano dos alunos. Ao trazer a física para a vida real, conseguimos não apenas reforçar o aprendizado teórico, mas também cultivar habilidades práticas e empatia social. Os projetos que se conectam diretamente com a comunidade local permitem que os estudantes utilizem seus conhecimentos para resolver problemas reais, promovendo um sentimento de pertencimento e responsabilidade.

Um exemplo prático poderia ser a criação de um projeto voltado para a melhoria da eficiência energética em residências ou espaços públicos. Os alunos poderiam ser divididos em grupos, cada um responsável por uma tarefa específica: um grupo ficaria encarregado de pesquisar as melhores práticas de eficiência energética, outro poderia elaborar um estudo de caso sobre uma residência exemplar e um terceiro poderia calcular a economia potencial que essas mudanças trariam. Através dessas atividades, os alunos seriam levados a entender a importância da física nos processos de energia, através de conceitos como transmissão térmica, isolamento e aproveitamento da luz natural.

Para isso, as visitas à comunidade poderiam incluir reuniões com moradores locais, onde alunos apresentariam suas ideias sobre melhorias e coletariam feedback. Essas interações não só agregariam valor ao projeto, mas também aproximariam os estudantes da realidade de quem vive ao seu redor, mostrando que a ciência pode ser uma ferramenta de transformação social.

Além disso, a organização de uma feira científica pode ser uma excelente maneira de compartilhar as descobertas e inovações com a comunidade. Assim, cada grupo poderia montar um estande com suas pesquisas, experimentos e soluções. Não apenas os alunos estariam praticando a apresentação de suas ideias, mas estariam também desenvolvendo habilidades de comunicação e trabalho em equipe. O envolvimento da comunidade em uma feira científica pode estimular alunos e moradores a pensar criticamente sobre o papel da física em suas vidas, promovendo um ambiente colaborativo e educativo.

Outro aspecto a considerar é a possibilidade de parcerias com profissionais que atuam em áreas relacionadas à física, como engenheiros, arquitetos ou especialistas em energias renováveis. Poderia ser organizada uma sequência de palestras e workshops onde esses profissionais pudessem compartilhar suas experiências e orientar os alunos na execução de seus projetos. Essas conexões não só enriquecem o aprendizado, mas também ajudam os estudantes a visualizar caminhos profissionais e a importância da colaboração interdisciplinar.

Dessa forma, ao fomentar projetos colaborativos que liguem o aprendizado de física com a comunidade, preparamos não apenas alunos mais conscientes, mas cidadãos que se preocupam com a coletividade. Essa abordagem prática impulsiona não só a aprendizagem da física, mas também a construção de uma sociedade mais colaborativa e informada. Esse capítulo não é apenas sobre experimentação científica; é, acima de tudo, um convite a serem protagonistas em suas próprias histórias, onde a física se transforma em um verdadeiro catalisador de mudança.

A conexão entre a física e a prática da experimentação científica é fundamental para o entendimento dos fenômenos que nos cercam. É através da curiosidade e do desejo de explorar que a verdadeira ciência se faz. Neste contexto, a física não é apenas uma disciplina escolar; ela se torna um modo de vida, uma ferramenta poderosa para compreender e modificar o mundo.

A prática da experimentação científica oferece aos alunos a oportunidade de se tornarem não apenas consumidores de conhecimento, mas criadores ativos. A cada nova hipótese formulada, a cada experimento realizado, eles se deparam com o que significa pensar como um cientista. Assim, a essência da ciência não reside apenas nas respostas obtidas, mas muito mais nas perguntas que surgem ao longo do caminho.

Muitas vezes, ao nos depararmos com uma dificuldade, a primeira reação pode ser a frustração. No entanto, se abraçarmos as falhas como parte integrante deste processo, poderemos perceber que cada "não" nos aproxima ainda mais de um "sim". Esse ethos de perseverança deve ser incutido desde cedo. A física nos ensina que, para avançar, é preciso janeiro contemplar a importância dos erros. Esses momentos nos instruem na atenção aos detalhes e promovem um ambiente de aprendizado saudável e encorajador, onde a criatividade é valorizada.

Uma atividade interessante pode envolver o desenvolvimento de pequenos dispositivos que operam com base em princípios físicos. Os alunos podem ser desafiados a criar um pêndulo de papel, onde a oscilação e o tempo de movimento são observados de maneira prática. Durante a construção e o teste, questões podem ser levantadas: "Como a massa do pêndulo afeta o seu movimento? E se mudarmos a altura do ponto de suspensão, como isso impactará o tempo de oscilação?" Esse tipo de experimentação livra os alunos do medo de errar e instiga o amor pela pesquisa.

Além disso, trazer à tona tecnologias cotidianas que utilizam princípios físicos — como motores de carros, geladeiras ou mesmo aparelhos que usamos diariamente — transforma a sala de aula em um laboratório onde a teoria respira. Os alunos podem não apenas entender como estes dispositivos funcionam, mas também usar sua imaginação para idealizar melhorias ou novas funcionalidades. Criar uma cultura de pertencimento e troca de experiências дейб cand espaço aberto podem resultar em inovações que aja impactar a comunidade local.

Assim, à medida que os jovens exploradores utilizam as teorias físicas em conjunto com a experimentação prática, eles aprendem que a ciência é um campo e um convite contínuo à descoberta. O futuro da física está em suas mãos, impulsionado pela curiosidade e pelo desejo incessante de explorar. A verdadeira maestria é construída não apenas com o sucesso, mas com a experiência acumulada durante as tentativas e a correção de rotas ao longo do caminho.

Em torno de toda essa aprendizagem, se emerge uma visão que não limita a física à sala de aula, mas a coloca como um agente transformador na vida dos estudantes, ampliando seus horizontes, vencendo os tabus da incerteza e sempre buscando o conhecimento — nunca com receio de se aventurar, porque a verdadeira ciência vive no coração da curiosidade humana.

Capítulo 5: Criatividade e Inovação na Física – Transformando Ideias em Experimentos

A Importância da Criatividade nas Ciências da Física

Quando pensamos em física, pode-se imaginar um campo rigoroso, repleto de teorias e leis complexas. No entanto, é fundamental destacar que a criatividade é a força motriz por trás das maiores conquistas científicas. A história está repleta de exemplos de cientistas que, ao ousar sonhar, conseguiram transformar suas ideias em inovações extraordinárias. Einstein, com sua teoria da relatividade, e Curie, com suas pesquisas pioneiras sobre radioatividade, são apenas alguns dos muitos que mostraram que a imaginação é tão vital quanto o conhecimento técnico.

No espaço escolar, é imprescindível que alunos sejam estimulados a expressar sua criatividade ao abordar temas de física. O ambiente educacional deve ser um terreno fértil onde bons conceitos e ideias inovadoras possam florescer. Pensar fora da caixa e questionar o status quo devem ser incentivados, não apenas como habilidades intelectuais, mas como ações práticas que podem resultar em descobertas impactantes.

Como professores, temos a responsabilidade de criar um ambiente colaborativo, onde diferentes perspectivas sejam bem-vindas e discutidas. Atividades em grupo podem ser um ótimo caminho para isso. Imagine uma sala de aula onde os alunos trabalham juntos em equipes multidisciplinares para resolver problemas reais. Ao compartilhar diferentes pontos de vista, eles não só aprendem a respeitar os outros, mas também desenvolvem soluções criativas que nem teriam imaginado sozinhos.

A intersecção de ciência e arte, por exemplo, é uma área extraordinária a ser explorada. Os alunos podem ser desafiados a criar representações artísticas de conceitos físicos, como ondas sonoras ou campos gravitacionais. Esse tipo de atividade não só solidifica o entendimento teórico, mas também torna a física mais acessível e interessante.

Outra forma de impulsionar a criatividade é apresentar desafios práticos que demandem inovação. Proponha aos alunos a criação de um dispositivo simples que exemplifique um conceito físico — como um carrinho movido a elástico que demonstra as leis do movimento. Ao permitir que a imaginação deles tome a dianteira na construção de algo novo, aquilo que antes parecia pura teoria pode ganhar um novo significado prático e emocionante.

Grandes avanços muitas vezes surgem de erros ou tentativas frustradas. Convencer os alunos de que cada tentativa é uma oportunidade de aprendizado cria uma mentalidade resiliente. Não precisamos de soluções perfeitas, mas sim de um processo que permita o crescimento, onde as falhas são vistas como etapas para a inovação. Quando um aluno se depara com um resultado inesperado em sua pesquisa, o que realmente importa é a disposição para estudar e entender esse resultado, transformando-o em uma nova hipótese a ser testada.

Convidemos os alunos a participarem ativamente de projetos de inovação que possam impactar suas comunidades. Ao alavancar a grandeza que existe em suas mentes criativas, podemos abrir portas para um mundo onde a física seja não apenas uma disciplina, mas uma forma de ver e entender todos os aspectos da vida. Essa abordagem não apenas forma futuros cientistas, mas também cidadãos conscientes, prontos para usar seu conhecimento em benefício de todos.

No final, a mensagem que queremos transmitir é clara: a criação não é um complemento da ciência, mas sim seu coração vibrante. A criatividade é a lanterna que ilumina o caminho da inovação, e essa jornada começa nas salas de aula, onde a curiosidade e a imaginação de cada aluno podem trazer à luz ideias que, um dia, podem mudar o mundo.

A prática impulsionadora da criatividade na física não se revela apenas em momentos de inspiração, mas na aplicação concreta de ideias inovadoras através de projetos e experimentos. Neste ponto do capítulo, convido os leitores a mergulharem em experiências desafiadoras, onde serão estimulados a criar e desenvolver dispositivos simples, utilizando os conceitos de física que aprenderam ao longo do curso.

Para iniciar, imagine a construção de um mini gerador elétrico a partir de materiais recicláveis. Os alunos podem utilizar um pequeno motor DC, uma roda, fios elétricos antigos e, quem sabe, até mesmo uma garrafa pet. Este projeto não só introduz conceitos de energia e movimento, mas também ensina sobre a conversão de energia. O entusiasmo será palpável quando eles perceberem que podem gerar eletricidade a partir de esforços manuais e criatividade. "Como você pode personalizar o design para aumentar a eficiência do seu gerador?" Essa pergunta servirá para estimular pensamentos críticos e inovadores.

Outra proposta cativante é a elaboração de um carro movido a balão. Usando materiais como papelão, canudos e balões, os alunos devem projetar um veículo que percorra a maior distância possível. Esse exercício não só impulsiona a aprendizagem de princípios sobre força e resistência, como também encoraja a competição saudável, onde todos se esforçam para superar as marcas uns dos outros. Ao final da atividade, o clima da sala se transforma em uma rica troca de experiências, onde todos compartilham suas invenções, discutem os desafios enfrentados e celebram as soluções encontradas.

A física viva transparece nas interações entre os alunos enquanto trabalham em seus projetos. Ao dividirem tarefas e discutirem ideias, eles descobrem que a colaboração é fundamental não apenas para o sucesso do experimento, mas também para o desenvolvimento pessoal. A habilidade de trabalhar em equipe, respeitando e ouvindo as contribuições de cada um, se tornará uma lição valiosa que se estenderá para além do campo da ciência.

Além disso, a importância do registro das etapas durante o processo experimental será enfatizada. Os alunos devem anotar suas hipóteses, métodos, resultados e reflexões. Esse diário de bordo não apenas servirá como um testemunho do aprendizado, mas também será uma base para uma apresentação a ser feita diante dos colegas, promovendo a comunicação e o compartilhamento do conhecimento.

Para encerrar esta fase prática, organizaremos uma feira de ciência em que os estudantes poderão exibir seus projetos para a comunidade escolar. Essa troca de conhecimentos amplia os horizontes dos alunos e proporciona uma experiência enriquecedora, que os estimulará a ver a física não apenas como uma disciplina acadêmica, mas como uma forma de interação com o mundo ao seu redor.

Dessa maneira, a criação e experimentação de dispositivos simples não apenas solidificam a aprendizagem dos conceitos de física, mas também permitem que os estudantes explorem sua criatividade, construam conexões e aprendam sobre a importância da colaboração, sempre imersos em um espírito de descoberta e inovação. Isso é somente o início de uma jornada que poderá levar cada um deles a se tornarem inventores, cientistas ou, quem sabe, os próximos profissionais a transformar o mundo.

À medida que avançamos neste capítulo, é crucial observar como a física se entrelaça de maneira transformadora com as inovações tecnológicas que moldam a sociedade moderna. As descobertas científicas não permanecem apenas nos laboratórios; elas se espalham pelo nosso cotidiano, fazendo parte do tecido vital que sustenta nosso modo de vida e, principalmente, contribuindo para soluções sustentáveis que valorizam o nosso futuro.

Falemos, então, dos dispositivos móveis que usamos diariamente. Essas ferramentas poderosas, além de facilitarem a comunicação, utilizam princípios de física e engenharia que tornam possível a transmissão de dados e imagens instantâneas entre distâncias inimagináveis. Para entender melhor isso, imagine um aluno que, ao participar de uma atividade prática sobre ondas eletromagnéticas, comece a refletir sobre como seus próprios dispositivos funcionam. Ele pode criar experimentos para observar a propagação de sinais, em uma conexão direta com a teoria que aprendeu em sala de aula.

Assim, ao explorarmos mais a fundo a importância da física na tecnologia, isso nos leva a um assunto reverberante: a energia renovável. A conscientização sobre as mudanças climáticas e a urgência de soluções para a crise ambiental são diretrizes não apenas para o futuro da ciência, mas também para a ética e responsabilidade social. A física está na essência de inovações como a energia solar e a captura de carbono. Em um experimento, os alunos podem montar um modelo de painel solar simples e aprender sobre a conversão da energia solar em eletricidade. Ao medirem a intensidade da luz e a produção de energia, eles vivenciam na prática a aplicação direta dos conceitos que estudaram.

Não se pode deixar de mencionar as turbinas eólicas, que representam um desenvolvimento vital no uso eficaz dos recursos naturais. Os alunos podem simular as condições em que uma turbina opera ou até mesmo construir mini turbinas com materiais recicláveis, despertando a curiosidade e o amor pela construção e inovação. Essa casualidade do aprendizado prático traz à tona a conexão direta da física com o mundo ao redor deles, criando não apenas estudantes mais engajados, mas cidadãos conscientes.

Ao ampliar a visão sobre o papel da física tecnologias sustentáveis, percebemos que a educação científica deve incluir a discussão sobre ética e responsabilidade no uso dos recursos naturais. Quando os alunos compreendem que a análise crítica e a inovação caminham juntas, eles se tornam não apenas proficientes na matemática e na teoria física, mas também defensores de práticas que favorecem um futuro mais sustentável.

Portanto, a física nos ensina a enxergar o mundo sob novas perspectivas. A doçura do conhecimento não é só uma acumulação de dados, mas uma compreensão profunda do lugar em que vivemos e de como podemos revolucioná-lo. Crescemos ao observar que nossos desafios podem ser enfrentados com criatividade e determinação, utilizando a própria física. Cada conceito aprendido é uma chave que abre a porta para novas questões, novas inovações que estarão sempre ao alcance daqueles que têm coragem de explorar e transformar sua realidade. A física não é apenas uma matéria da escola, mas uma bússola que aponta para as oportunidades de um futuro brilhante e promissor, repleto de soluções sustentáveis e inovadoras.

Refletir sobre o papel da física em nossas vidas e, principalmente, nas inovações que moldam o futuro é um exercício que aguça nossa curiosidade e conhecimento. É nesse contexto que a experimentação científica se torna uma aliada poderosa, não apenas em sala de aula, mas em todas as esferas da nossa existência. O futuro exige que, como estudantes e cidadãos, desenvolvamos uma mentalidade que valorize não apenas a teoria, mas também a prática, a criatividade e a inovação.

    Vamos imaginar um mundo onde a física não é apenas uma disciplina a ser decorada, mas um conjunto de ferramentas para resolver problemas do dia a dia. Consideremos as inovações que temos à disposição hoje — desde smartphones até sistemas de energia renovável —, todas elas são fruto da imaginação de pessoas que, assim como vocês, estavam determinadas a transformar ideias em realidade. E se, ao invés de apenas estudar fórmulas, essas fórmulas se tornassem a base para a criação de algo novo? Essa é a essência de criar o futuro.

    Ao propormos projetos práticos, os alunos se transformam em protagonistas dessa jornada de descoberta e inovação. Vamos encarar a criação de um "Protetor Solar de Alta Performance", um dispositivo que não apenas utiliza princípios da física, como termodinâmica e mecânica dos fluidos, mas também se liga à responsabilidade ambiental. Neste projeto, os alunos podem explorar diferentes materiais que refletem e absorvem a luz, e como essas propriedades afetam a proteção contra o sol. Eles não só aprenderão sobre as propriedades dos materiais, mas também a importância de criar soluções sustentáveis que beneficiem o meio ambiente.

Agora, imagine a empolgação quando esses estudantes, ao desenvolverem seu protetor solar, percebem que podem não apenas fabricar algo útil, mas que também podem defender uma causa maior, a preservação da natureza. Essa é a mágica da física quando aliada à criatividade.

No entanto, antes de se aventurarem em criações de impacto, é crucial refletirmos sobre a importância das avaliações de riscos e das provas a campo. Cada nó na corda da experimentação deve ser testado, revisado, adaptado. Ao instigar os alunos a mina de ideias, os incentivamos a olhar para suas falhas como etapas cruciais do processo criativo. É nesse espírito crítico que se constrói o futuro da ciência.

Outro aspecto essencial é a necessidade de colaboração. Encorajá-los a trabalhar em equipe, não apenas em projetos científicos, mas também em discussões sobre suas ideias, desafios e soluções, estabelece um ambiente criativo rico. A interação entre diferentes mentes é como uma troca energética, onde cada ideia pode acender a centelha de uma nova concepção. Ao longo dessa experiência, questões como "O que podemos melhorar?" e "Como outros países já lidam com esses desafios?" tornar-se-ão fundamentais nas discussões.

Além das experiências práticas, o papel dos professores e mentores é de suma importância na formação do cidadão científico. A interface entre a educação e a prática profissional deve ser estreita, e iniciativas como visitas a laboratórios, palestras com cientistas e participação em feiras de ciências podem criar conexão entre os alunos e o mundo real. Esses ambientes expõem os alunos aos desafios atuais da sociedade e os preparam para serem os solucionadores do amanhã.

Por fim, devemos lembrar que a verdadeira aprendizagem ocorre quando os alunos não apenas absorvem informações, mas se envolvem apaixonadamente em sua busca por conhecimento. Criar um espaço onde suas ideias possam ser discutidas e assimiladas legitimamente, onde a curiosidade é alimentada, é o que formará não apenas os físicos do futuro, mas também os cidadãos conscientes do seu universo.

Encorajo a cada um de vocês a acreditar em seu potencial, a abraçar a incerteza como parte da jornada. O futuro da física e das ciências é brilhante e apaixonante, repleto de novas descobertas, desafios e, acima de tudo, oportunidades que, juntos, podemos transformar em realidade. Portanto, não tenha medo de sonhar grande! A física é apenas o começo de tudo o que ainda pode acontecer e inovar no nosso mundo.

Capítulo 6: A Física no Cotidiano – Conectando Teoria e Prática

A Física nas Atividades do Dia a Dia

Sempre que despertamos pela manhã, muitos de nós nem imaginamos que a física está presente em cada pequeno gesto que fazemos. Desde o momento em que abrimos as cortinas para deixar a luz entrar, até o instante em que nos sentamos à mesa para tomar o café da manhã, essa ciência está em ação. O simples ato de levantar e caminhar envolve conceitos fundamentais como a gravidade, a força e o movimento. É imperativo que saibamos que a física não é apenas uma matéria que estudamos na escola, mas uma parte intrínseca do nosso cotidiano.

Vamos observar juntos: ao entrar em um carro, não estamos apenas fazendo uma viagem; estamos experimentando a dinâmica entre velocidade, aceleração e força de atrito. Quando jogamos uma bola para cima, procuramos entender a trajetória que ela traça. É nesse contexto que a física se revela como uma linguagem universal que nos ajuda a decifrar os mistérios do mundo.

Ainda, não podemos deixar de lado as tais profissões que utilizam a física diariamente. Pensemos nos chefs de cozinha, por exemplo. Ao se debruçarem sobre o fogão, não estão apenas cozinhando; estão realizando uma verdadeira alquimia científica. O ponto de ebulição, a mudança de estado físico e até mesmo a colocação dos ingredientes envolvem cálculos e experimentos. Citações de chefs renomados ao falarem de como aplicar os princípios físicos em suas receitas não são apenas prazerosas, mas reveladoras! Eles nos mostram que a ciência e a arte podem andar lado a lado, criando receitas que seduzem ou despertam emoções indescritíveis.

A importância de compartilhar histórias não se limita a suas inspirações, mas se estende ao modo como podemos nos inspirar mutuamente. Ao ouvirmos relatos de atletas que otimizaram seu desempenho através do conhecimento físico, figuramos como testemunhas de um processo empolgante. Um exemplo é o corredor olímpico que, ao incorporar a física na análise de seu movimento e na aerodinâmica, conseguiu aprimorar sua técnica com resultados surpreendentes e emocionantes.

Os depoimentos de profissionais envolvidos diariamente com a física nos permitem vislumbrar o potencial dessa ciência em atuar como motor de transformações em nossas vidas e profissões. Histórias desse tipo precisam ser exploradas, compartilhadas nas salas de aula e nos corredores das escolas, para que possamos entender como essa ciência é no fundo a base do que nos cerca.

Portanto, ao analisarmos as atividades do dia a dia, é essencial que levemos em consideração como cada movimento, cada interação, é permeada pela física. Preparar um simples prato, empurrar uma criança em um balanço ou até mesmo fazer um passeio de bicicleta estão envolvendo esses princípios dinâmicos de uma forma graciosa e inesperada.

O desafio agora se coloca na sua frente: como aproveitar essa minúcia do cotidiano para entender e admirar mais a física? São vocês, jovens espectadores dessa realidade, que podem trazer a ciência para a vida. Ao adotar essa filosofia no dia a dia, ao transformar cada pequeno ato em uma observação física, vocês se tornam verdadeiros entusiastas dessa disciplina majestosa.

Sigamos, nesta jornada, revelando os segredos da física que se encontram cuidadosamente escondidos entre os detalhes do nosso dia a dia e interligando a teoria com cada uma de nossas experiências. Atravessaremos juntos essa jornada, transformando cada prática em aprendizagem e cada conhecimento em ação!

Atividades Práticas e Experimentos Cotidianos

Ao longo do nosso cotidiano, a física nos surpreende em ações que, à primeira vista, podem parecer simples. Por isso, convido você a mergulhar em algumas atividades e experimentos que demonstram praticidade e diversão, tudo enquanto exploramos os conceitos físicos que nos cercam.

    Vamos iniciar com um experimento clássico: a queda de uma maçã. Você pode fazer isso em casa com um amigo ou familiar. Pegue uma maçã e um cronômetro. De uma altura medida (por exemplo, a mesa da cozinha), deixe a maçã cair enquanto um dos participantes cronometrar o tempo que leva para atingir o chão. Varie a altura e compare os resultados. Como a altura da queda influencia o tempo? Isso leva à percepção das leis da gravidade que sempre estão em ação. Ao refletir sobre o que aprenderam, os participantes podem ainda conversar sobre a aceleração e o que isso significa em suas vidas.

    Outro experimento divertido é explorar a tensão superficial da água com uma moeda. Pegue um copo com água e peça a alguém para cuidadosamente colocar uma moeda na superfície. Sorrisa e expectativa surgirão ao observar que mais moedas podem ser adicionadas do que inicialmente se pensava, até que a água transborde! A ideia aqui é entender como a tensão superficial funciona, um conceito físico que mostra como a água tem a capacidade de resistir devido às forças entre as moléculas.

    E que tal experimentar com uma pipa? Este é um exemplo magnífico de aerodinâmica em ação. Construa uma pipa utilizando papel e canudos. Uma vez pronta, escolha um dia com vento e corre para um espaço aberto. Faça-a voar e observe como a física está presente em cada movimento. Quais forças estão atuando? A força do vento é crucial para manter a pipa suspensa. Ao documentar essas experiências, você não apenas registrar o que viu, mas também avaliar como as teorias físicas se relacionam com o que são experimentadas.

Se você deseja ir além, que tal criar um diário de experimentação? Nele, anote suas descobertas, reflexões e momentos marcantes das atividades realizadas. Ao final da semana, você terá um compêndio de atividades e resultados que celebrarão o que aprendeu e vivenciou. Coloque-se no papel de um artista científico, refletindo sobre cada passo e como cada conceito está interconectado com suas observações.

Convide amigos e familiares para fazer parte dessa jornada e organize um pequeno encontro para compartilhar o que cada um experimentou. Essas conversas não apenas alimentam a curiosidade, mas também criam um espaço colaborativo onde todos aprendem uns com os outros. Uma comunidade de aprendizado é formada em torno deste conhecimento compartilhado, solidificando o entendimento da física numa atmosfera de descoberta e criatividade.

E, assim, a física se entrelaça com o cotidiano de modo profundo, revelando como experimentação prática não apenas ensina, mas também faz parte da vida. Em cada ação, cada artefato construído, vemos como a teoria não está nunca dissociada da prática, cada experiência sendo uma construção na jornada de conhecimento. A magia da física está em você, em suas mãos e em sua determinação de explorar, de aprender e, acima de tudo, de conectar cada teoria com suas vivências diárias.

A etiqueta tecnológica apregoa novidades a cada esquina, e é inegável que a física está embutida em quase todos os dispositivos que carregamos. Enquanto analisamos como a tecnologia moderna se entrelaça com os princípios físicos, percebemos que podemos transformar a teoria em prática e, melhor ainda, inspirar nossa curiosidade.

Comecemos pensando sobre nossos smartphones, essas vitrinas de tecnologia em nossos bolsos. Cada vez que enviamos uma mensagem, a infraestrutura física na qual essa comunicação se baseia envolve uma série de conceitos, desde ondas eletromagnéticas até a teoria da relatividade de Einstein. As informações viajam na velocidade da luz, e isso não é apenas impressionante, mas também um triunfo da física moderna. Ao pegar um smartphone, você não está apenas interagindo com um aparelho, mas se conectando a um mundo complexo de dados e esforços científicos.

Mas não paramos aí. Pense em como um simples ventilador, que você pode ignorar em uma tarde quente, opera sobre as mesmas leis da física. Ele utiliza princípios de mecânica e termodinâmica para proporcionar conforto, transformando a energia elétrica em movimento e, em seguida, em vento. Esse cenário simples ilustra como a física não é apenas uma carga teórica, mas um sistema funcional que afeta nosso bem-estar diário.

Ao falar de energia limpa, que tal refletirmos sobre a energia solar? Quando peculiares painéis solares pegam a luz do sol e a convertem em eletricidade, reverberamos os princípios da fotônica e da termodinâmica. Empreender neste campo não é apenas uma questão de inovação tecnológica, mas também uma emocionante conexão entre a física e a sustentabilidade. Ao projetar e construir um mini painel solar, as salas de aula podem se transformar em laboratórios criativos, onde cada aluno se torna parte ativa da descoberta.

E não podemos esquecer das referências que vidas iluminadas deixaram para nós. Histórias de inventores, cientistas e empreendedores, que utilizaram esses princípios para desenvolver dispositivos revolucionários, podem servir de inspiração. Considere a trajetória de Nikola Tesla, cujas inovações não apenas lançaram as bases para sistemas elétricos, mas também idealizaram um mundo mais interconectado. Ao discutir essas figuras influentes, tornamos a física mais acessível, mostrando aos estudantes que é empoderada por histórias de superação e criações magníficas.

Na era moderna, a intersecção entre a física e o dia a dia é mais viva do que nunca. Da produção de energia sustentável à facilidade em que nos comunicamos, os desafios e as soluções estão a nosso alcance. Os jovens não só aprendem sobre a teoria, mas também têm as ferramentas para se tornarem protagonistas em uma nova era da inovação. Quando abraçarmos a tecnologia de maneira crítica e criativa, estaremos não apenas acumulando conhecimento, mas sim construindo um futuro onde a física se torne, de fato, uma eloquente linguagem de transformação e evolução em nossas vidas.

O futuro e a física – Desafios e Oportunidades

À medida que avançamos cada vez mais no século XXI, não há como ignorar o papel transformador da física em nosso cotidiano, especialmente quando se fala em inovação e tecnologia. A física, que já foi muitas vezes vista como uma disciplina densa e complexa, agora se revela como uma das chaves para responder os maiores desafios da humanidade. Com isso em mente, é relevante discutirmos as perspectivas futuras da física, examinando como ela poderá moldar nosso mundo nas próximas décadas.

Um campo que já está ressoando fortemente com promessas futuras é o da física quântica. As investigações nesta área não só desafiam as percepções tradicionais da realidade, mas também abrem portas para soluções inovadoras em tecnologia. Exemplos recentes já nos mostram como a computação quântica está se tornando uma realidade palpável, prometendo revoluções em áreas como inteligência artificial, segurança digital e até mesmo na medicina. Ao encorajar os estudantes a se familiarizarem com esses conceitos, como a superposição e o entrelaçamento quântico, estamos preparando-os para liderar no cenário global que se desenha.

    A física encontrará ainda um papel crucial na luta contra as mudanças climáticas. Muitos dos problemas que enfrentamos — desde a escassez de água até a emergência de novas fontes de energia limpa — exigem um entendimento profundo dos princípios físicos. O desenvolvimento de novas tecnologias de armazenamento de energia, como baterias mais eficientes e sistemas de energia solar, reside na aplicação da física aplicada ao cotidiano. Ao inspirar os jovens a se conectarem com essas invenções, precisamos instigá-los a pensar em soluções inovadoras que vão além do que já existe.

    Por exemplo, imagine um projeto em que estudantes são desafiados a desenvolver um eco-vivencialismo. Eles podem construir seu próprio modelo de uma casa sustentável e aplicar os conceitos de eficiência energética que aprenderam na escola. Um leque de variables físicas entra nessa equação: desde a localização da casa que maximiza a luz solar até as estratégias de captação da água da chuva. Isso não só oferece uma aplicação prática mas cria um engajamento real com problemas que afetam a coletividade, uma habilidade que será vital em um futuro onde a sustentabilidade será uma exigência global.

    Desafios sociais também são um terreno fértil para a aplicação desses conhecimentos. Hoje, mais do que nunca, a necessidade de sistemas de transporte eficientes e limpos é um desafio que clama por soluções inovadoras. O que poderia ser mais instigante do que projetar um meio de transporte urbano que funcione com base nas energias renováveis? Estudantes poderiam se unir para desenvolver um protótipo de um veículo que utilize energia solar, explorando todos os conceitos de energia cinética e potencial. Essa experiência não apenas lhes ensina física de maneira prática, mas também realça o poder que a ciência tem de afetar positivamente suas comunidades.

    Como educadores, nossa missão é cultivar essa paixão pelo aprendizado contínuo. Precisamos estimular um espírito de curiosidade e uma mentalidade voltada para a pesquisa. Ao encorajar os alunos não apenas a aprenderem sobre a física, mas a explorarem sua aplicação em desafios globais, estamos não apenas informando, mas inspirando gerações de futuros cientistas e líderes.

Em suma, a intersecção entre a física e nosso futuro é vibrante e cheia de oportunidades. Mostrar aos jovens como a física pode e deve ser utilizada como uma ferramenta na resolução de problemas contemporâneos os prepara para se tornarem não apenas grandes profissionais, mas também cidadãos que buscam um mundo melhor. O chamado é claro: ao tentarmos cultivar um novo tipo de conhecimento e habilidades, certamente inspiraremos a próxima geração a inovar, desafiar e, quem sabe, transformar nosso planeta em um lugar onde a física não é apenas uma matéria escolar, mas sim a linguagem de um futuro brilhante e sustentável.

E assim, convoco a todos vocês: ao olharem para o horizonte, onde a física se desdobra em múltiplas direções, lembrem-se de que este é apenas o início da jornada. Que com determinação, curiosidade e inovação, cada um possa trilhar a sua própria senda rumo a um amanhã repleto de descobertas fascinantes e soluções criativas. É nesse espírito que a física se torna não apenas um estudo acadêmico, mas sim uma oportunidade de mudança, um convite à ação em prol do bem comum, um convite a sonhar e realizar.

Capítulo 7: Física, Criatividade e Inovação – Fomentando a Curiosidade Científica

A Interseção da Física com a Criatividade

A física e a criatividade sempre andaram de mãos dadas, formando um elo que desafia nossas percepções do mundo e nos leva a inovações surpreendentes. No campo das artes, muitos artistas e inventores têm utilizado os princípios da física como uma fonte de inspiração. Pensemos, por exemplo, em um escultor que cria obras de arte usando a gravidade e o equilíbrio como protagonistas na sua expressão. O movimento sutil de uma escultura que balança ao vento não é apenas uma representação, mas uma colagem de conceitos físicos que revelam seu funcionamento aos nossos olhos.

As emoções também têm um papel central nessa narrativa. Um artista que trabalha com luz e sombra cria experiências visuais que provocam sentimentos profundos e reflexões sobre a impermanência e a beleza do momento. A intersecção entre a física e a arte nos mostra que o conhecimento científico pode não apenas nos ensinar sobre o funcionamento do mundo, mas também nos permitir expressar a essência mais pura de nossas emoções. Ao observar, vemos que ao entender as propriedades da luz, artistas podem manipular as sombras para criar impressões duradouras em suas obras. É assim que a física actua como um facilitador da criatividade, um hino à inovação.

Mas, além das artes, o impacto da física na criação se estende também a áreas como a música. Basta pensar nos diversos instrumentos musicais e com as características de suas vibrações e sons originados das leis da acústica. Um violonista, ao tocar, aplica não só a técnica, mas também a compreensão das ondas sonoras que se propagam no espaço, criando uma sinfonia que ressoa em nosso interior. A música dá vida às fórmulas, e a física mostra que cada nota tem sua própria história.

Portanto, ao olharmos para o cotidiano, observamos que a criatividade, impulsionada por princípios físicos, nos convida a ver o mundo de uma nova forma. Não importa se você é um cientista, artista ou engenheiro; todos têm a capacidade de explorar e descobrir, utilizando a física como sua aliada. O desafio está em ativar essa criatividade latente e permitir que ela se manifeste em todos os aspectos de nossa vida.

Convoco os jovens leitores a abraçarem a curiosidade científica. Que cada dúvida seja um passo em direção à descoberta! Crie, projete e experimente, permitindo que a física seja a ponte que os levará a inovações que transformarão suas ideias em realidades surpreendentes. O futuro é um campo aberto esperando por aqueles que se atreverão a utilizarem a inovação como seu guia. Que a criatividade envolva suas jornadas científicas, e que cada nova ideia floresça como um legado de esperança para um mundo em constante evolução.

Aprendendo a Fazer – Experimentos que Brilham

Neste capítulo, chegamos a um ponto emocionante da jornada científica. A física não é apenas uma matéria a ser estudada em livros; ela se torna real e vibrante através da experimentação. Vamos explorar juntos uma série de projetos práticos que promovem o aprendizado de forma envolvente e divertida. Prepare-se para se surpreender com o que você pode criar!

Para começar, gostaria de apresentar um projeto simples: o catavento. Um catavento não é apenas uma diversão para o dia de vento; é uma maneira poderosa de explorar o conceito de energia e movimento. Para construir o seu, você só precisa de papel, uma tesoura, um palito e um clipe. Primeiro, corte um quadrado de papel e, em seguida, desenhe linhas diagonais de cada canto até o centro. Não corte até o final — apenas o suficiente para fazer dobraduras. Dobre os cantos em direção ao centro e prenda com o clipe. Fixe-o ao palito e saia ao ar livre. Observe como quando o vento sopra, as lâminas começam a girar. Aqui, você pode conversar sobre como a energia cinética se transforma em energia mecânica, e até desafiar amigos a ver quem consegue fazer um catavento que gire mais rápido.

    O próximo experimento que proponho é um foguete de água! Este projeto é muito divertido e culmina em uma pequena explosão de entusiasmo. Para fazer um foguete simples, você precisará de uma garrafa PET, água e uma bomba de ar. Encha um terço da garrafa com água e, utilizando a bomba, enrosque uma tampa que possa ser solta. Quando a pressão dentro da garrafa aumenta o suficiente, a tampa se solta, e o foguete dispara para o céu! Esse experimento revela conceitos de pressão e ação e reação, conforme descrito na terceira lei de Newton. À medida que o foguete é lançado, todos estão cientes da alegria que a física pode proporcionar – um espetáculo que conecta teoria e prática de forma gloriosa.

    Vamos agora falar sobre circuitos elétricos básicos. Você sabia que pode construir um circuito simples com uma bateria, fio e uma lâmpada LED? Construa o circuito, conectando uma extremidade do fio a um terminal da bateria e a outra ao pino positivo da lâmpada. Então, conecte outro fio ao pino negativo da lâmpada e fixe a outra extremidade desse fio no outro terminal da bateria. Ao fazer isso, você ilumina a lâmpada. Este experimento não só apresenta conceitos fundamentais de eletricidade, como também permite que os alunos experimentem diretamente o fluxo de energia, levando à discussão sobre a importância da energia em nossa vida contemporânea.

Por último, deixo um incentivo: não tenha medo de errar. Fracassos são partes essenciais do aprendizado. Quando algo não sai como o planejado, isso é uma oportunidade de análise, reflexão e aperfeiçoamento. Esse ambiente de experimentação e discussão em grupo é vital para o processo de aprendizado. Aprender a pensar criticamente, a colaborar e a ouvir outros é tão importante quanto o próprio conhecimento científico.

Enquanto você mergulha nessas atividades, lembre-se de que a física está sempre à sua disposição, ansiosa para ser explorada. Crie um diário de experimentação, documentando suas descobertas, inovações e as lições provenientes de cada experimento. Com o tempo, você verá como esse processo de experimentar, errar e aprender pode levá-lo a inovações muito além do que você imaginou.

Mantenha a mente aberta e a curiosidade em alta! Você está apenas começando a descobrir como a física pode não só explicar o mundo, mas também inspirar sua criatividade. Que a jornada pela ciência seja repleta de descobertas emocionantes e inovações brilhantes.

A Física tem um papel fundamental em moldar a tecnologia moderna, e essa interconexão é um convite irresistível para explorarmos as infinitas possibilidades que nos cercam. É fascinante perceber como conceitos físicos se tornaram a base de invenções que, de alguma forma, alteraram a trajetória da humanidade. Vamos seguir juntos por esse caminho intrigante, onde a ciência e a inovação se entrelaçam, resultando em avanços significativos.

Na verdade, muitas das tecnologias que utilizamos diariamente são frutos diretos de descobertas e inovações de cientistas e engenheiros que levaram a sério os princípios da física. Pense, por exemplo, na revolução que os smartphones trouxeram para nossas vidas. Esses dispositivos multifuncionais são verdadeiras maravilhas da física aplicada, utilizando princípios de eletromagnetismo para a transmissão de dados, graças a antenas cuidadosamente projetadas que garantem uma comunicação eficiente, não importando a distância.

Levando essa reflexão adiante, é essencial discutir a eletricidade. Desde o momento em que acendemos a luz até a dinâmica que ocorre dentro das usinas solares que convertem a energia do sol em eletricidade, a física está em ação. As partículas que constituem a luz não são apenas notas de uma sinfonia; elas representam descobertas que trouxeram luz para milhões de lares. E, à medida que falamos de sustentabilidade, a física se torna ainda mais crucial. O ensino sobre as energias renováveis não é apenas parte do currículo; é uma responsabilidade que temos com o futuro do nosso planeta.

    Os jovens têm o poder de moldar esse futuro. Ao se familiarizarem com os conceitos físicos que suportam as energias limpas, eles não só se preparam para serem inovadores, mas também se tornam defensores da mudança. Proponha a elaboração de projetos relacionados a energia sustentáveis. Um bom exemplo poderia ser a criação de um sistema simples de aproveitamento da energia solar em casa, onde se multiplicam as descobertas sobre fotovoltaicos ou sobre como um pequeno painel solar pode acender uma lâmpada LED, demonstrando na prática os conceitos físicos de geração e consumo de energia.

    Histórias de inventores que usaram a física para resolver problemas complexos são essenciais ao longo dessa discussão. Que tal falarmos de Thomas Edison e o seu laboratório de invenções? Com uma mente brilhante e incansável, ele publicou mais de mil patentes, transformando ideias em realidades através de experimentos metódicos. Ao inspirar nossos jovens a conhecer esses feitos, abrimos um leque de possibilidades — eles perceberão que a inovação começa com a curiosidade e a experimentação.

Além disso, cabe a nós, educadores, moldar um ambiente onde a física seja abordada de forma colaborativa. Projetos de ciência conjuntos, competições de inovação, e discussões abertas em sala de aula poderão despertar a chama da curiosidade nos alunos. Ao trabalharem juntos, os estudantes vão não apenas construir dispositivos, mas também cultivar um senso de comunidade e pertencimento a um todo dinâmico que busca a inovação.

Lentamente, a semente da curiosidade será plantada, gerando frutos que mudarão vidas. Ao capacitar os jovens a se tornarem protagonistas da sua própria jornada de aprendizado, lembramos que o futuro não pertence apenas aos inventores e cientistas, mas também aos sonhadores e fazedores que, por meio da física, transformarão suas idealizações e criarão um mundo mais sustentável.

CONVIDO você, leitor, a repensar sua relação com a física e a tecnologia. Como você poderá aplicar esses conceitos não só na sua vida, mas também na sua comunidade? Que projetos podem ser desenvolvidos que conectem a física à realidade? A beleza da física não reside apenas na sua teoria, mas na capacidade de transformar ideias em inovações que transformam o mundo que habitamos. Este é o caminho a ser trilhado — um caminho onde a curiosidade e a criatividade são as armas mais poderosas para um futuro brilhante, repleto de possibilidades.

A sustentabilidade é um tema que ecoa em nossos tempos, especialmente quando consideramos o impacto da nossa sociedade no meio ambiente. A física, muitas vezes vista como uma disciplina distante ou abstrata, na verdade carrega consigo uma responsabilidade inegável: entender e mitigar os efeitos das nossas ações no mundo. Vamos explorar como os princípios físicos desempenham um papel essencial no desenvolvimento sustentável e na promoção de uma vida mais responsável.

Inicie refletindo sobre a quantidade de desperdício que geramos diariamente. Coisas simples, como o ato de jogar fora uma garrafa de plástico ou descartar corretamente as lâmpadas incandescentes, podem parecer banais. Porém, cada um desses gestos interage profundamente com conceitos físicos que afetam diretamente a realidade ao nosso redor. A energia que gastamos, a matéria que descartamos e a poluição que criamos são todas consequências que, se vistas através do olhar da física, nos revelam as interações intrínsecas que desenham nossa futura existência.

Um tema pertinente é a energia renovável. Quando falamos de energia solar, eólica ou até mesmo da biomassa, estamos nos deparando com fenômenos físicos que podem ser explorados e vivenciados. Por exemplo, ao se construir um painel solar, não se trata apenas de colocar um equipamento que gera eletricidade; mas de compreender a transferência de energia, a conversão de luz solar em eletricidade e o impacto disso em nossa conta mensal de energia. Instigar essa discussão em sala de aula pode ser a chave para despertar nos alunos a responsabilidade em relação ao uso consciente dos recursos naturais.

Proponho um experimento pratico que pode ser feito com folhas de papel, uma lâmpada LED e um pequeno painel solar. Ao criar um circuito simples onde o painel alimenta a lâmpada, você experimentará na prática que a luz pode iluminar nossos caminhos, enquanto a energia se transforma. Essa conexão visual torna palpável a ideia de que cada ato, cada número de watts utilizados, é uma escolha que impacta o mundo ao nosso redor.

Durante o processo, converse com os alunos sobre as opções sustentáveis existentes em nossa sociedade moderna, como o uso de transportes públicos, ou alternativas de energia limpa. Como você visualiza a energia que consome diariamente? Como ela poderia ser utilizada de forma mais eficiente? Essas perguntas não apenas aproximam a física da realidade do aluno, mas também os estimulam a desenvolver uma mentalidade crítica e comprometida com a conservação.

É essencial que os jovens se sintam empoderados a transformar seus conhecimentos em ações. Proponha que eles se envolvam em projetos de ciência comunitária que promovam a sustentabilidade, como um dia de limpeza em um parque local ou a plantação de árvores em áreas com déficit florestal. Cada ação, mesmo a menor, se agrega a um movimento maior — a busca pela preservação do nosso planeta.

Assim, pulsante em nosso dia a dia, a física não apenas explica o funcionamento do mundo, mas é um chamado à ação. Uma oportunidade de levantarmos nossas vozes em defesa da Terra, utilizando o conhecimento e a criatividade como ferramentas para a inovação. Ao inscrutinar a relação entre a física, a sustentabilidade e a responsabilidade social, os alunos adquirem um entendimento profundo de que cada ação tem sua repercussão — e que, juntos, podemos ser os agentes da mudança que desejamos ver no mundo.

Esse chamado à ação nos convida a sonhar, a inovar e, acima de tudo, a nos unir em uma jornada contínua rumo a um futuro sustentável. O que os jovens irão fazer com esse conhecimento? Essa é a pergunta que deve guiar a reflexão; um convite a ser parte de um movimento maior, onde um pequeno gesto pode reverberar em um impacto significativo.

Capítulo 8: A Física na Tecnologia e o Futuro Sustentável

A Revolução Tecnológica e os Fundamentos da Física

Neste mundo em constante transformação, a física emerge como o alicerce que sustenta a revolução tecnológica de nossos tempos. Olhe em volta: a tela reflexiva de um smartphone, as conexões instantâneas da internet e até as complexidades dos sistemas de inteligência artificial são produtos diretos dos conceitos fundamentais que os físicos nos legaram. É fascinante perceber que, por trás de cada dispositivo que utilizamos diariamente, existem princípios físicos que moldam não só a tecnologia, mas também a maneira como interagimos com ela.

Por exemplo, ao pegarmos um smartphone, estamos lidando com uma fusão engenhosa de eletromagnetismo e oxidação, onde cada microchip revela um mundo de possibilidades. As ondas eletromagnéticas que permitem a comunicação instantânea cruzam longas distâncias e nos conectam com pessoas ao redor do planeta, desafiando as barreiras do tempo e espaço. Cada mensagem enviada, cada vídeo assistido, carrega consigo a força das interações atômicas e como estas interações funcionam.

A medicina moderna é outra esfera onde a física faz revoluções. Pense nas máquinas de ressonância magnética, que utilizam princípios de campos magnéticos e ondas de rádio para criar imagens do interior do corpo humano. Esse olhar íntimo nos permite diagnósticos mais precisos e eficazes, salvando vidas e transformando práticas médicas. A física não é apenas uma matéria do passado, mas é um presente imprescindível em nossas vidas cotidianas.

Agora, imaginemos um futuro onde a combinação de física e tecnologia pode resolver os maiores desafios que enfrentamos. Soluções inovadoras para questões ambientais, como a criação de fontes de energia limpa e sustentável, são não apenas possíveis, mas necessárias. A física, com seus princípios bem fundamentados, nos guia na construção de um mundo que respeita nosso planeta. Tecnologias como turbinas eólicas, que aproveitam o vento com base em princípios de movimento e energia cinética, exemplificam como o conhecimento físico pode se transformar em ações concretas para um mundo mais sustentável.

Em cada passo que damos rumo a esse futuro, a curiosidade e a criatividade tornam-se nossas aliadas mais poderosas. A intersecção entre física, tecnologia e inovação não só nos apresenta responsabilidades, mas também abre um caminho iluminado de oportunidades. Portanto, convido você, jovem leitor, a abraçar esses conhecimentos não apenas como informações, mas como ferramentas de transformação.

Sinta-se inspirado a questionar, a experimentar e a criar. Ao olhar para o futuro, a física nos oferece um mapa triunfante que nos guia por caminhos de inovação. O que você vai fazer com essa informação? Qual é a sua parte nesta evolução? A resposta está em suas mãos e sua mente criativa, pronta para explorar, descobrir e inventar novas soluções que farão a diferença no mundo.

Prepare-se, pois a aventura está só começando. Ao longo deste capítulo, buscaremos juntos maneiras de conectar os conceitos da física a aplicações práticas e relevantes, mostrando como a experimentação e a inovação podem não apenas mudar a tecnologia, mas também impactar positivamente nosso mundo e as gerações futuras. Que esta jornada seja não só uma busca por conhecimento, mas também um convite à ação.

Criando dispositivos simples pode ser uma experiência transformadora e energizante, e neste momento, convido você a arregaçar as mangas e entrar em ação! Vamos explorar juntos como é possível dar vida a conceitos de física de forma prática, divertida e inovadora, alimentando o espírito de curiosidade e invencibilidade.

Um ótimo ponto de partida é a construção de um termômetro caseiro. Você sabia que pode criar um utilizando materiais simples como uma garrafa plástica, água, corante alimentício e um canudo? Comece enchendo a garrafa com água, adicione algumas gotas de corante e insira um canudo na abertura. As mudanças de temperatura que ocorrerem farão com que o combustível colorido suba e desça, permitindo uma observação clara do fenômeno. Aqui, você não apenas presencia a relação entre temperatura e pressão, mas realiza um experimento que revela a sua própria capacidade de criar e inovar.

Agora, vamos pensar na energia solar! Que tal criar uma lâmpada LED movida a energia solar? Para isso, você precisará de um pequeno painel solar, uma bateria e uma lâmpada LED. Ao conectar os fios corretamente, verá a lâmpada acender com a luz do sol. Este experimento não só demonstra princípios de energia renovável, mas também enfatiza como podemos utilizar a física para buscar alternativas sustentáveis no nosso dia a dia. Ele nos lembra que soluções inovadoras podem surgir da simplicidade.

A experimentação, além de ser uma forma prática de entender a física, também cria um espaço colaborativo. Encoraje seus colegas a compartilhar suas ideias e descobertas. Proponha um "dia de invenções", onde cada um apresenta seu projeto. A troca de informações, dicas e até erros é uma parte importante do aprendizado. O verdadeiro espírito da ciência está na colaboração e na troca de experiências.

Assim, ao desenhar seus dispositivos, mantenha a mente aberta e permita que a curiosidade o guie. O aprendizado é uma viagem, não um destino. À medida que você explora, você aprenderá que mesmo pequenos fracassos podem trazer experiências valiosas. Lembre-se de que a verdadeira inovação surge da coragem de tentar, de errar e de tentar novamente. Portanto, desbrave o mundo da física com entusiasmo. A cada passo que der, descobrirá não apenas o que é possível, mas também o incrível potencial que reside dentro de você, pronto para ser explorado e revelado.

    A física, muitas vezes considerada uma disciplina exata e fria, ganha vida nas mãos dos inovadores e idealistas que a utilizam para moldar um futuro mais sustentável. É inegável que a compreensão dos princípios físicos não só nos apresenta o funcionamento do mundo ao nosso redor, mas também nos capacita a desenhar soluções criativas para os desafios ambientais que enfrentamos atualmente. E, mais que isso, temos nas mãos o poder de transformar desafios em oportunidades através da nossa determinação e criatividade.

    Ao falarmos sobre sustentabilidade, é impossível não pensar nas inovações tecnológicas que brotam da física. Pense no funcionamento de uma turbina eólica. Cada lâmina que gira é um exemplo prático de como a energia cinética do vento pode ser convertida em eletricidade, que pode ser utilizada em nossas casas, alimentando aparelhos, iluminações e deixando nossas vidas mais confortáveis. Esses princípios de movimento e energia são fundamentais para construirmos um futuro que respeite o meio ambiente.

Agora, vamos explorar, em um nível mais profundo, como a física pode ser utilizada para entender e resolver problemas ambientais. Por exemplo, você já ouviu falar sobre biocombustíveis? A energia que obtemos de vegetais e outros resíduos orgânicos é uma maneira direta de utilizar o conhecimento de química e física para criar alternativas mais limpas aos combustíveis fósseis. O processo envolve transformação química, onde se aproveitam as propriedades físicas de matérias-primas para gerar energia. Assim, cultivamos uma conexão clara entre ciência e ação.

É preciso ajudar os jovens a se tornarem agentes de mudança em suas comunidades. Ao explorar o conceito de energia sustentável, incentive-os a engajar em projetos que utilizem essas tecnologias. Imagine os impactos que um simples projeto de uma horta que utiliza compostagem pode ter, não apenas na produção de alimentos, mas na educação sobre a importância do aproveitamento de resíduos e reciclagem. Dessa maneira, cada jovem se transforma em um multiplicador de conhecimento, propagando boas práticas para suas famílias e amigos.

A participação em feiras de ciências, clubes de robótica ou projetos de engenharia ambiental são oportunidades incríveis para aplicar na prática os conceitos discutidos aqui. Eles são mais do que simples atividades escolares; são convites à vivência de uma experiência prática, à conexão entre teoria e realidade, e ao fortalecimento do senso de evolução contínua. Os jovens precisam saber que podem transformar a teoria em ação, explorando inovações que impactem positivamente as realidades que os cercam.

Enquanto observamos a paisagem que nos rodeia, a pergunta que fica é: como você usará essa linda ciência chamada física para contribuir com um planeta melhor? Essa reflexão deve ressoar em cada coração curioso e ansioso por mudar, criando um ciclo de aprendizado que se entrelaça com ação. Portanto, aproveite cada momento para explorar, inovar e se aventurar à frente em busca da verdade e das soluções que podem fomentar um futuro vibrante.

Nos próximos anos, o cenário da física se desligará da visão tradicional que hoje persiste, numa clara transformação que refletirá as necessidades e ideais das novas gerações. A física se tornará um campo vibrante, repleto de inovação e de aplicações práticas que transcendem os laboratórios a cada esquina. Assim, estaremos moldando não apenas a forma como encaramos a ciência, mas a maneira como interagimos com o meio ambiente, conectando teoria e prática em um ciclo contínuo de descoberta e melhoria.

Essencialmente, a física nas mãos dos jovens exploradores será uma ferramenta poderosa. Queira apenas olhar para o potencial nas escolas e nas comunidades. Imagine-os absorvendo conhecimento através de um aprendizado experiencial, onde cada teoria se transforma em prática. É neste contexto que surgem oportunidades de inovações que podem conduzir a humanidade a um estado de inovações sustentáveis. Fórmulas que antes eram âncoras do conhecimento acadêmico agora são esperanças palpáveis nas mãos criativas desses jovens.

Nada mais inspirador do que ver uma geração decidida a integrar a ciência em suas vidas. E neste contexto, está em nossas mãos incentivar seus voos! Incentivar a participação em competições científicas, estimular sua imaginação a construir robôs que ajudam em tarefas do cotidiano, desde o cuidado com o meio ambiente à assistência a pessoas em situações vulneráveis. Isso perceberemos como sementes plantadas que desabrocharão em frutos, frutos que nutrirão uma sociedade que prioriza a inovação contínua e a sustentação da vida no planeta.

Assim, ao longo desta jornada, precisamos ressaltar o papel transformador das novas tecnologias, frutos do profundo entendimento da física. Cada avanço tecnológico, desde a criação de fontes de energia limpa até os métodos inovadores na preservação ambiental, propaga um novo ciclo de conhecimento. Os jovens intelectuais de amanhã devem ver a física como um farol que ilumina não somente o caminho de suas carreiras, mas também o dos desafios que poderão resolver, promovendo um mundo com mais oportunidades e soluções criativas e sustentáveis.

Neste cenário de excitação e esperança, fazemos um apelo claro: é nosso dever preparar as futuras gerações para que usem seu conhecimento em física não apenas como uma ferramenta de estudo, mas como uma linguagem para dialogar com o mundo. Assim, ao gerarmos consciência de seu papel na busca por soluções que respeitem nosso único lar, incentivamos um futuro mais limpo e melhor. O mundo espera por inovações que nascem do sonho e da determinação — inovações que, ao tocar a vida de outros, vão além do aprendizado, ressoando em cada coração e mente dispostos a agir.

Nessa empreitada, deixamos com os jovens uma reflexão poderosa: como você vai usar seu conhecimento em física para transformar o mundo? O futuro não se limita ao que já aconteceu; ele se expande a cada ação que decidimos tomar. Portanto, que suas descobertas sejam apenas o início de um legado de inovação e transformação, moldado pela sua imaginação e desejo de mudança. O convite está lançado. Vamos unir forças e sonhos, movendo o mundo rumo a um futuro mais ecologicamente sustentável e iluminado pela invenção!

Capítulo 9: Inovações Práticas da Física na Vida Cotidiana

A Física na Cotidianeidade

Você já parou para refletir sobre como a física está entrelaçada em cada aspecto da sua vida diária? Desde o momento em que você acorda até o instante em que adormece novamente, a física tem um papel fundamental que, muitas vezes, passa despercebido. A forma como o café quente aquece suas mãos pela manhã ou como a luz do sol filtra através das janelas é uma dança de princípios físicos que nos cercam.

Ao cozinhar, por exemplo, você pode notar como os diferentes métodos de aquecimento—seja fervendo água, assando um bolo ou grelhando legumes—se utilizam da transferência de calor, uma aplicação direta da termodinâmica. Os alimentos se transformam, ganhando novas texturas e sabores por meio de reações químicas que, em essência, nos revelam os segredos da física em ação. Cada prato é uma pequena obra-prima, forjada pelo jogo entre temperatura, tempo e a composição dos ingredientes.

Andar de bicicleta é outra prática onde os princípios físicos se manifestam. Quando você pedala, é a força que você aplica ao pedalar que propulsiona a bicicleta para frente, enquanto a gravidade e a fricção atuam em um segundo plano, desafiando você a encontrar o equilíbrio perfeito. É fascinante como, em um simples trajeto, já temos uma aula prática de cinética!

Na ótica, temos a correção da visão através das lentes dos óculos. A forma como a luz se refrata ao passar pelas lentes, proporcionando clareza à sua visão desfocada, é mais um exemplo de como a física atua para melhorar nossas vidas diárias. Cada vez que você lê um livro, escreve em um caderno ou assiste a um filme, está se beneficiando diretamente da física.

Chegou a hora de explorar esses exemplos práticos e transformá-los em experiências educativas. Que tal criar um dispositivo simples que mostre a você e a seus amigos como a física pode ser incrível e divertida? Uma proposta é construir um termômetro caseiro! Usando uma garrafa plástica, água e um canudo simples, você pode visualizar a relação entre temperatura e volume. Assim que você sentir a água aquecer, verá o líquido colorido subir, mostrando concretamente como o calor afeta a matéria.

Mas não vamos parar por aí! Que tal descobrir o funcionamento da energia solar? Ao montar uma lâmpada LED que funcione com um pequeno painel solar, você verá como o sol pode nos fornecer energia para iluminar nossas vidas, uma solução inovadora e ambientalmente amigável. Cada passo que você dá nessa exploração não apenas o educa, mas também o aproxima de como a física pode ser aplicada em soluções sustentáveis.

Desenvolver essas ideias em grupo gera um ambiente colaborativo, onde troca de informações e experiências se torna vital. Proponha a criação de um "dia das invenções", onde cada um poderá apresentar seu projeto ou experimento. O conhecimento compartilhado fortalece o aprendizado e motiva a criatividade.

Incentivamos todos a ir além de simples experimentos, buscando inovar, errar e aprender com os erros. O aprendizado é uma jornada de tentativas e redescobertas. Pequenas falhas, longe de serem um obstáculo, são oportunidades de crescimento e, frequentemente, é nelas que as melhores ideias pipocam. Ao explorar, você começará a perceber que a física não é apenas uma matéria escolar, mas um convite à curiosidade e à ação.

Agora, que você já está imerso na relação entre física e suas atividades diárias, está preparado para um convite ousado: como você pode usar seus conhecimentos em física para inovar e mudar o mundo ao seu redor? A obra da física se desdobra em cada desafio que você decide enfrentar, e a cada solução proposta, você se torna um agente de mudança. Vamos juntos desbravar essa aventura, com coragem e criatividade, rumo a um futuro que respeita a ciência e a natureza!

Essa jornada está apenas começando, e você é o protagonista. Olhe em volta, respire fundo e prepare-se para transformar cada conceito físico em uma linda experiência. A prática e a teorização se entrelaçarão, mostrando que o futuro é moldado pelas ações daqueles que estão dispostos a pensar fora da caixa.

Vamos nos aprofundar em experimentos que demonstram a física de forma prática e envolvente. Que tal começar construindo um pêndulo simples? Esse experimento não só é fácil de montar, mas também oferece uma maneira clara de visualizar o impacto da gravidade na oscilação. Tudo o que você precisa é de um pedaço de fio, um pequeno peso (como um parafuso ou uma bolinha de gude) e um suporte para pendurá-lo—pode ser uma cadeira ou uma mesa.

Ao deixar o pêndulo balançar livremente, você pode observar como o tempo de oscilação varia com o comprimento do fio. Experimente diferentes comprimentos e meça quanto tempo leva para completar várias oscilações. Ao fazer isso, você começará a entender a relação entre a gravidade, a massa do peso e o movimento.

Outra atividade divertida é a criação de aviões de papel. Não é apenas uma atividade lúdica, mas também uma introdução à aerodinâmica! Tente construir diferentes modelos e teste como as variações no tamanho e na forma afetam a distância que eles conseguem percorrer. Ao lançar seus aviões, você poderá discutir conceitos como resistência do ar, força de empuxo e as leis do movimento de Newton. Aproveite para reunir amigos e fazer uma competição de lançamento!

Além disso, ao longo de cada atividade, não esqueça de documentar suas descobertas. Anote as medidas do tempo, as distâncias percorridas e as observações que surgem durante os experimentos. Assim, você poderá refletir sobre o que funcionou, o que não funcionou e como pode aplicar esse conhecimento no futuro.

Aqui, a aprendizagem se torna uma experiência colaborativa. Encoraje todos à sua volta a participar, a compartilhar ideias e soluções, perguntando: "O que acontecerá se adicionarmos mais peso ao pêndulo?" ou "Qual modelo de avião parece ter a melhor aerodinâmica?". A curiosidade é uma força poderosa, e, juntos, vocês criarão um ambiente propício para o aprendizado e a descoberta.

À medida que cada um dos conceitos é revelado através dos experimentos, a física não se torna apenas uma matéria distante, mas uma realidade palpável que pode ser compreendida e aplicada. Seu entendimento do mundo se ampliará, e o que antes parecia complicado se tornará acessível. Agora, com a física em suas mãos, como você a usará para inovar e criar? A jornada para compreender o universo que nos cerca está apenas começando.

Prepare-se para experimentar, descobrir e se divertir! A física está todos os dias ao seu redor, só esperando por sua curiosidade. Novas aventuras e descobertas aguardam por você, pronto para transformar cada pequeno aprendizado em um grande passo rumo ao futuro. Que este capítulo de inovações práticas na vida cotidiana inspire não apenas a curadoria de experiências, mas também a construção de um mundo onde a física e as inovações andem lado a lado!

Vamos falar sobre como a física envolve o nosso cotidiano de maneiras incríveis, transformando simples ações em experiências inovadoras. Você pode não perceber, mas cada movimento, cada escolha, cada interação que você faz em seu dia a dia é, em essência, um pequeno (ou grande!) teatro da física em ação.

Vamos olhar para a sua rotina matinal. Ao se preparar para sair, você pode fazer algo tão simples quanto tomar banho. A água quente que desliza pelo seu corpo não é apenas uma questão de conforto; é um exemplo brilhante de transferência de calor e propriedades térmicas da água e do ar. E pensar que isso tudo só é possível pelas regras que a física estabeleceu ao longo dos séculos!

Depois disso, enquanto você dirige ou anda de bicicleta para a escola ou trabalho, o conceito de força e movimento se revela a cada pedalada. Cada vez que você empurra o pedal, você aplica uma força que gera uma aceleração, movendo-se à frente. Isso novamente é a física se manifestando de forma prática. Você pode até contestar: "Por que isso é importante?" A resposta é simples: entender esses princípios pode fazer de você um motorista mais consciente ou um ciclista mais seguro.

Agora, pense na dúvida que sempre vem ao aquecer as refeições. Por que alguns pratos costumam queimar na parte de baixo enquanto outros continuam frios no topo? Compreender a condução e a convecção do calor se torna essencial neste momento. A física se torna um aliado na cozinha, ajudando a criar pratos deliciosos sem surpresas desagradáveis!

Por que não também se aventurar a construir um pequeno experimento que traz a teoria para a prática? Vamos falar sobre a construção de um barômetro caseiro para medir a pressão atmosférica? Tudo o que você precisa é de um frasco de vidro, um balão, um canudo e alguns grãos de arroz. Cortando o balão e o colocando sobre a abertura do frasco de modo que a pressão do ar abaixo do balão se ajuste, você verá o canudo subir ou descer conforme a pressão varia. Este experimento simples e fascinante mostra diretamente a relação entre pressão atmosférica e o nível do mercúrio, revelando a beleza da física em ação.

Cada um desses exemplos trará uma consciência maior sobre como a física não é uma disciplina distante e exclusiva das salas de aula. Ao explorarmos como ela fluí no nosso dia a dia, nós encontramos a sua relevância; ela é uma ferramenta que nos ajuda a entender o mundo, a interagir com ele, a tirá-lo melhor proveito e a inovar.

Além disso, vamos discutir inovações tecnológicas que têm suas raízes na física. Você sabia que muitos dos eletrônicos que usamos hoje, como smartphones e computadores, se baseiam em princípios de eletricidade e magnetismo? Esses conceitos simples mas potentes formam a base para invenções que mudaram a forma como nos comunicamos e vivemos.

Agora, chega a parte da ação! Que tal explorar sua criatividade pensando em como você pode aplicar as descobertas da física em sua própria vida? Que tal usar resíduos da cozinha e amigos para criar um biocombustível simples? Ou talvez você possa elaborar um projeto sobre o uso de energia solar em sua residência? Essa conexão prática é onde a ciência se transforma em ação. Ao desenvolver esses projetos, você não apenas aprenderá, mas também poderá inspirar outros a fazer o mesmo, criando assim uma rede de inovação.

Por último, lembre-se de que a física é um convite à curiosidade e à exploração. Em uma era onde tantas soluções inovadoras estão surgindo, as possibilidades são infinitas. Como você vai usar seu conhecimento de física para trazer mudança e inovação para a sua própria vida e para o mundo ao seu redor? A jornada começa agora, e eu estou animado para ver onde sua curiosidade e criatividade vão levá-lo! Se aprofunde, experimente, crie e transforme sua rotina com as maravilhas que a física tem a oferecer.

Conforme olhamos para o futuro da física em nosso cotidiano, percebemos um campo vibrante que se transforma a cada nova descoberta e inovação. Já parou para pensar como a física molda nossos modos de vida? Desde maneiras simples de interagir com a natureza até soluções tecnológicas elaboradas que podem reverter a destruição ambiental, a aplicação prática da física sempre acompanhará nossas escolhas e ações.

Um exemplo intrigante é o uso de dispositivos móveis. Esses aparelhos não são apenas ferramentas de comunicação. Cada toque na tela, cada vídeo que assistimos, são resultados concretos de princípios de física aplicados ao desenvolvimento de tecnologias. Isso nos lembra que a física não está relegada a laboratórios distantes, mas é uma força viva em nossas mãos. Com celulares capazes de processar enormes quantidades de dados de maneira intuitiva, torna-se essencial discutir não só a tecnologia, mas a responsabilidade que vem com ela.

    O futuro depende de nossa habilidade em usar a física para inovar e encontrar soluções que ajudem a preservar o que temos. Imagine você se envolvendo em projetos com a energia solar. Além de economizar na conta de eletricidade, você estaria contribuindo para um mundo mais sustentável. A energia do sol é limpa e quase infinita, e a física por trás de suas aplicações está ao nosso alcance. Cada novo painel solar instalado e cada casa que opta por essa alternativa são passos importantes rumo a um futuro mais ecológico.

    Ao considerar também a evolução da medicina moderna, temos outro exemplo poderoso da física aplicada. Equipamentos médicos como aparelhos de ultra-sonografia, tomografias e ressonâncias magnéticas utilizam princípios complexos da física. Essa tecnologia nos permite não apenas diagnosticar doenças em seus estágios iniciais, mas também desenvolver tratamentos cada vez mais eficazes. O impacto da física na medicina é um testemunho de como nosso conhecimento pode estar a serviço da humanidade.

    Agora, você pode se perguntar: "O que recebo por tudo isso?" A resposta é simples: um mundo de possibilidades. Seu entendimento dos conceitos físicos e sua habilidade de aplicar esse conhecimento podem ser as chaves para um futuro brilhante e inovador. Convido você, jovem explorador, a utilizar os conceitos que aprende, aliando criatividade à ciência. Isso pode se manifestar de inúmeras formas: desde um projeto escolar que adota uma nova abordagem para um problema ambiental até inovações tecnológicas que possam surgir nas próximas gerações.

Olhe ao seu redor, veja as práticas que podem ser aperfeiçoadas ou reinventadas e considere onde a física pode entrar para trazer melhorias. Pense em como você, com seu conhecimento, pode desafiar convenções e criar soluções que não apenas beneficiem a si mesmo, mas ao mundo todo. A única limitação está na sua imaginação e na disposição para agir.

Neste ponto de reflexão sobre o impacto da física no cotidiano das futuras gerações, é vital encerrarmos este capítulo com uma motivação à ação. O que você gostaria de desenvolver? Que mudanças você quer ajudar a provocar no mundo ao seu redor? As perguntas são importantes, mas as respostas dadas por suas ações definirão seu legado. Este futuro começa agora, em cada escolha que você faz.

Capítulo 10: A Física como Catalisador da Inovação e Sustentabilidade

A Inovação na Física: Uma Revolução Silenciosa

Imagine um mundo onde cada pequeno gesto, desde o acender de uma luz até o funcionamento de um carro, esteja impregnado pelo maravilhamento da física. A inovação perpassa cada esquina dessa trama, criando novas possibilidades e transformando a maneira como vivemos. A física, muitas vezes vista como uma disciplina densa, é, na verdade, um campo vibrante que promove o progresso e a sustentabilidade, empoderando cada um de nós a fazer a diferença em nosso cotidiano.

Desde os tempos passados, em que homens e mulheres visionários observavam as estrelas e os movimentos da terra, até os dias atuais, a inovação tem sido uma constante. Pense em Nikola Tesla e Thomas Edison, cujas descobertas não apenas mudaram a forma como geramos e usamos eletricidade, mas também abriram caminho para um futuro mais iluminado e conectado. Agora, temos à disposição um universo de ferramentas e tecnologias que antes eram inimagináveis. E, ironicamente, o vilão da história, muitas vezes, é a desinformação — a ideia de que a física é irremediavelmente complexa, inibindo a curiosidade de mentes jovens.

À medida que avançamos, é essencial refutar essa noção. A física não se limita aos gráficos nas lousas das escolas, mas se materializa em sentimentos palpáveis, em ações cotidianas. Considere o simples ato de cozinhar.

Cada vez que você tempera a comida, usa calor para cozinhar, está aplicando princípios de termodinâmica. E a cada movimento na cozinha, a cada barrinha de chocolate que derrete ou cada bolo que assa, você revisita séculos de descobertas científicas. É uma verdadeira celebração da física!

Vamos iniciar uma jornada que não apenas explore a física em ação, mas que também incentive a criatividade e a inovação. Em sua casa, com materiais recicláveis, você pode criar um projetor simples utilizando uma caixa de papelão, uma lente de aumento e o seu smartphone. Ao projetar imagens em uma parede, você verá a óptica em funcionamento, uma magia que o levará a perceber a filosofia científica que rege nosso mundo. Como foi feita a descoberta da combinação de lentes, e como isto se transformou nas câmeras modernas? Essas aplicações práticas da física nos permitem não apenas entender, mas também admirar a beleza intrínseca na ciência.

A cada atividade, a proposta é clara: colocar a teoria em prática. Com a construção de um mini painel solar, você não estará apenas aprendendo sobre a conversão de luz em eletricidade, mas também se capacitará a criar soluções sustentáveis. A conexão entre a física, a energia solar e nosso impacto no meio ambiente se torna um tema central. Quanto mais aprendemos, mais percebemos que cada ação tem consequências, e, portanto, a responsabilidade pesa sobre nossos ombros. Podemos, e devemos, ser a geração que transforma aprendizado em consciência ambiental.

E em meio a todo esse fervor de descoberta, surge um questionamento importante: como podemos usar o que aprendemos para superar os desafios que nosso planeta enfrenta? Esse é o convite que lhe lanço. Em sua jornada, inspire-se em figuras históricas que não hesitaram em aplicar seus conhecimentos para o bem-estar de todos. Pense em como você pode modificar sua rotina, incorporar práticas sustentáveis em seu dia a dia e, assim, ser um agente de mudança.

Ao falarmos de futuro, não podemos ignorar as questões que nos cercam. As gerações vindouras herdarão não apenas os problemas existentes, mas também as soluções que encontrarmos juntos. O papel da física como uma ponte entre a inovação e a sustentabilidade é inegável. Pode ser um desafio, sem dúvida, mas é um desafio que chamamos de coragem. Estar disposto a tomar iniciativas, a se unir em grupos, a trocar ideias e a implementar soluções inovadoras é a consciência que se torna urgente.

Assim, o que faremos a seguir? Que tal bolar um plano de ação com seus colegas para enfrentar um problema local? Ao reunir forças para transformar pequenas ideias em grandes ações, você não apenas aprenderá sobre física, mas também será parte integrante de um movimento que mudará o mundo. Vamos juntos, como bons cientistas, formular hipóteses, conduzir experiências e apreciar cada momento de descoberta, pois a verdadeira essência da física reside não apenas nas leis e fórmulas, mas na capacidade de conectar e transformar vidas!

Estamos apenas começando nesta jornada de exploração e aprendizado, onde a física será nosso guia. Um universo vibrante e promissor aguarda à nossa porta, e cada um de nós tem um papel fundamental nesse espectro entusiasmante. É hora de abraçar a física, agir, inovar e, acima de tudo, acreditar que podemos construir um amanhã melhor, repleto de soluções sustentáveis. Essa é a verdadeira trindade da física: inovação, responsabilidade e um futuro sustentável!

Vamos explorar experiências práticas e criativas que demonstram como a física pode ser um verdadeiro catalisador da inovação e sustentabilidade. É um convite não apenas para aprender, mas para experimentar e criar!

Para começar sua imersão nesse universo, que tal montar um painel solar caseiro utilizando garrafas PET? Isso não é apenas uma atividade divertida, mas também uma oportunidade de encarar de frente os conceitos de energia e sustentabilidade. Você precisará de algumas garrafas PET, uma folha de papel alumínio e um pequeno painel solar que pode ser encontrado em lojas de materiais elétricos. O processo é simples: recorte as garrafas, forre suas superfícies internas com o papel alumínio e posicione seu pequeno painel solar de forma que a luz do sol incida diretamente sobre ele.

Ao construir e instalar o seu painel, não apenas você estará aprendendo sobre a conversão de energia solar em eletricidade, mas também se conectando diretamente a uma ideia que pode ser aplicada em larga escala, contribuindo para um futuro mais verde. Este é um passo concreto que mostra como a física não está restrita às salas de aulas, mas está presente em nossas vidas.

Agora, vamos falar sobre sistemas de captação de água da chuva. Você pode usar um balde ou recipiente grande, posicionando-o de modo que a água que escorre do telhado despeje diretamente ali. A chuva coletada pode ser usada para irrigar plantas ou até mesmo para tarefas domésticas, como lavar o carro. Isso não apenas conserva água, mas também ajuda a entender o ciclo hídrico e a importância da gestão sustentável dos recursos hídricos.

Em um ambiente colaborativo, essa experiência pode ser ampliada. Que tal organizar uma atividade em grupo onde todos possam compartilhar novas ideias sobre como aproveitar melhor a energia e os recursos naturais? Isso criará um espaço de discussão sobre as alternativas sustentáveis, com foco no uso responsável da física. Você pode começar apresentando seu sistema de captação e convidando os outros a fazerem o mesmo.

    Ao falar de energia alternativa, não podemos deixar de lado a energia eólica. Um experimento interessante seria criar um pequeno moinho de vento. Com materiais simples como papel, palitos de bebida e uma garrafinha, você pode construir uma pequena turbina eólica que gera eletricidade. Ao girá-la em um espaço ventoso, observará como o movimento das lâminas converte a energia cinética do vento em energia elétrica. Essa atividade é uma excelente maneira de introduzir conceitos de aerodinâmica e força em um cenário divertido e engajador.

    Após realizar esses experimentos, reserve um tempo para refletir sobre os resultados. Pergunte a si mesmo e aos participantes: Quais problemas enfrentamos? Como a física pode nos ajudar a resolvê-los de maneira criativa? O que podemos fazer com o que aprendemos? Essa reflexão não só solidifica o conceito adquirido, mas também estimula a inovação e criatividades para enfrentar desafios reais.

    A física, como vemos, está presente em cada um desses exemplos. Ela se torna um guia e uma ferramenta poderosa em nossas mãos. Agora, imagine qual seria o impacto se todos nós começássemos a aplicar esses conhecimentos com práticas sustentáveis em nossa vida cotidiana. Estamos longe de esgotar as possibilidades que nossa aprendizagem à luz da física pode propiciar.

Explore, experimente e crie! Estamos construindo um futuro não apenas pela pesquisa acadêmica, mas por ações concretas que fazem a diferença em nosso mundo. E lembre-se, a curiosidade e a inovação são forças poderosas que podem transformar sonhos em realidade. Como você irá utilizar tudo isso que aprendeu?

A conexão entre física e tecnologia moderna é um tema recheado de exemplos concretos que ilustram como a ciência permeia nosso dia a dia, contribuindo para transformações radicais em diversas áreas. Ao pegarmos um momento para refletir sobre os dispositivos que utilizamos diariamente, encontramos a física como uma força vital que torna tudo isso possível.

Quando você pega seu smartphone e faz uma chamada, não percebe, mas é todo um emaranhado de princípios físicos que permite essa comunicação instantânea. As ondas eletromagnéticas, resultado da interação de elétrons, percorrem longas distâncias em segundos, levando sua voz de um ponto a outro, e tudo isso só é possível graças aos fundamentos da eletromagnetismo, um ramos da física.

Adiante, analisemos os palpáveis avanços causados pela física na segurança e eficácia dos equipamentos médicos. Pense nos aparelhos de ultrassonografia e nas ressonâncias magnéticas que revolucionaram a maneira como diagnosticamos doenças. A ressonância magnética, por exemplo, não é apenas um milagre tecnológico; ela opera segundo princípios da física quântica e dos campos magnéticos. O que isso significa na prática? Que a física não somente salva vidas, mas transforma a medicina ao permitir diagnósticos precoces e tratamentos mais eficazes.

Esta conexão profunda entre física e tecnologia leva à inovação, e esse é um ciclo que se retroalimenta: novas tecnologias trazem novos desafios, que por sua vez estimulam a pesquisa e o desenvolvimento. Um caso emblemático é o dos carros elétricos, que indicam uma transição mais elétrica nas vias urbanas. Estes veículos, além de serem mais sustentáveis, dependem de uma compreensão refinada da física, desde a conversão de energia elétrica em movimento até a aerodinâmica que melhora sua eficiência. Carros como o Tesla não são apenas um símbolo de inovação, mas representam coletivamente um movimento em direção a algo maior: um futuro menos dependente de combustíveis fósseis.

Mas a pergunta que devemos nos fazer é: como continuamos a evoluir nesse contexto? A resposta está nas futuras inovações e nos desafios que se apresentam. Será necessário investirmos cada vez mais em pesquisa e educação, formando novas gerações de cientistas e engenheiros dispostos a questionar e reformular a forma como interagimos com a física e a tecnologia. O caminho está aberto e você pode contribuir! Você estaria disposto a olhar os desafios que nos cercam e buscar novas soluções para problemas que parecem insolúveis?

Através da discussão, da criatividade e da imaginação, o conhecimento científico pode resultar em inovações de larga escala que, além de lucrativas, poderão também ser sustentáveis. O conceito de economia circular, onde o lixo é visto como recurso, demandará um olhar físico detalhado sobre os processos produtivos e seus impactos no meio ambiente. As oportunidades para integrar práticas sustentáveis com inovações tecnológicas estão na interseção entre a física e a inovação.

Enquanto nossas mentes se lançam alhures em busca de mais conhecimento, é fundamental que permaneçamos conscientes do que nos aguarda. Como o conhecimento ajuda a moldar nossas ações? Quais práticas adotaremos para garantir que o futuro que construímos seja próspero e saudável?

Essa conversa, onde ciência e tecnologia andam de mãos dadas, é apenas o começo. Como cidadãos do mundo, cada um de nós deve se envolver ativamente nesse diálogo, questionando, criando e partilhando. Estar disposto a ser um agente de mudança é fundamental. O legado da física e a inovação estão em suas mãos, pronto para ser moldado em algo novo e extraordinário. O que você escolherá criar?

A transformação que a física pode proporcionar é mais do que uma simples teoria estudada em livros; é uma ponte que nos conecta ao futuro, ao mesmo sentido que nosso planeta pede por mudança. Ao olharmos em perspectiva, os desafios que enfrentamos, desde a decapitação de recursos naturais até os excessos gerados pela sociedade de consumo, nos exigem uma nova ordem de pensamento. Se a física nos ensinou a entender o mundo ao nosso redor, é hora de aplicar esse conhecimento em ações concretas que podem moldar um futuro mais sustentável.

Pense em como cada pequeno esforço pode se somar a um todo grandioso. O papel que você pode desempenhar começa com ações simples. Que tal se envolver em projetos na sua comunidade que promovam a educação ambiental? Organizar uma campanha de reciclagem ou um mutirão de plantio de árvores pode ser um início espetacular. O crescimento de uma só árvore é apreciar a essência da física: o ciclo da vida e a sustentabilidade.

Nesse contexto, as oportunidades de carreira ligadas à física e às ciências afins se tornam mais atrativas. Cada vez mais, empresas locais estão à procura de jovens com a capacidade de pensar criticamente e resolver problemas de forma criativa. Ser um físico, um engenheiro ambiental ou até mesmo um especialista em energia renovável não se trata apenas de seguir uma profissão; é ser um agente de transformação. Ao seguir esse caminho, você não apenas se destaca no mercado, mas se coloca como um pilar na construção de um novo modo de viver.

Por que não se aprofundar nas inovações tecnológicas que estão moldando o universo sustentável? Pesquise sobre a bioconstrução e seus princípios; você poderá se surpreender ao descobrir quão acessíveis podem ser as tecnologias que utilizam materiais recicláveis para criar habitações que respeitam o meio ambiente. Experimentos em casa com materiais que você já tem podem levá-lo ainda mais longe, abrindo portas para novas ideias que muitas vezes começam na garagem, em mesas de estudo ou em encontros com amigos.

Para impulsionar esse movimento em sua vida, que tal se reunir com amigos ou colegas que compartilham dos mesmos ideais? Organizar um "Café com Ciência" pode oferecer um espaço agradável para discutir ideias inovadoras e trocar experiências. Essa troca não se resume a debate acadêmico, mas a um compromisso mútuo de transformação e consciencialização, onde cada conversa pode gerar ações reais.

Recentemente, também assistimos a um aumento do uso da Ciência Cidadã, onde o público se engaja em iniciativas científicas. Essa é uma fantástica oportunidade de aplicação do seu conhecimento em física e a física quântica nas práticas de experiências que investiguem fenômenos locais, como a topografia da sua região ou a qualidade da água em um rio próximo. Esses dados coletados pelas comunidades são vitais e podem servir para apoiar políticas públicas e promover a mudança.

A reflexão final se impõe: como você usará seu conhecimento de física para impactar positivamente o futuro? Cada descoberta, cada inovação aplicada, cada escolha ética fará sua voz ser ouvida no clamor por um mundo mais justo e sustentável. A física é a chave, e você é o porta-voz dessa revolução silenciosa. Nunca subestime o poder que você tem, não só como estudante, mas como um verdadeiro inoculador de ideias e mudanças.

Então, olhe à sua volta, busque a natureza em cada detalhe que a componen, e com a consciência aguçada pelo conhecimento adquirido, atue. O futuro não é só um destino; é um estilo de vida que você pode começar a construir hoje. Nessa jornada, lembre-se sempre: seu papel é essencial, e a física é a luz que ilumina o caminho para a inovação e sustentabilidade.

Capítulo 11: Navegando pela Física: Inovações e Sustentabilidade

A Física na Prática do Cotidiano

Às vezes, deixamos de perceber a magia que a física traz para o nosso cotidiano, como um pano de fundo invisível que sustenta a dança da vida. No entanto, é nas pequenas ações, nas rotinas diárias, que os princípios físicos se tornam verdadeiras manifestações de inovação e criatividade. Para entender isso, vamos refletir sobre atividades que muitas vezes ignoramos, mas que possuem, em seu cerne, os conceitos que nos ajudam a navegar com mais facilidade pelas variáveis de nosso mundo.

Quando cozinham, por exemplo, as pessoas entram em contato direto com a química e a física. Ao colocar água para ferver, a agitação do líquido e a mudança de estado, de líquido para vapor, retratam a energia térmica em ação. A compreensão desse processo simples não é apenas uma simpatia pela ciência, mas um convite para alocar esses aprendizados em nossas rotinas. Pergunte-se: você sabe como a pressão na panela de pressão ajuda a cozinhar os alimentos mais rápido? É um exemplo perfeito de como a física pode facilitar nosso dia a dia, transformar o mundano em algo mais eficiente e prático.

Um jovem estudante chamado Rafael, por exemplo, teve um dia repleto de surpresas na cozinha de casa. Ele decidiu desafiar os limites do bufê familiar e preparar um prato especial para seus pais. Lembrando-se de algo que estudou sobre doces e por que eles se cristalizam, Rafael começou a cozinhar. Ao adicionar açúcar à água, ele entendeu que era o calor que forçava os cristais a se dissolverem. Em cada etapa, ele aplicou o que havia aprendido e, no final, não só criou uma deliciosa sobremesa, mas também uma nova paixão pela ciência envolvida no ato de cozinhar.

 Além da culinária, eis outra oportunidade poderosa: a física do movimento. Praticar esportes — seja um simples passeio de bicicleta, a corrida no parque ou uma partida de basquete — permite que qualquer um sinta na pele a força, a gravidade, e o efeito do ar. No fundo, a essência do esporte é a física pura em ação. Observe como a velocidade do seu movimento muda a resistência do vento, ou como o impulso na partida de uma corrida se relaciona diretamente com a massa e a força que você aplica ao solo. Cada salto se transforma em um pequeno estudo de física aplicado ao movimento humano.

 E para aqueles que não têm medo de se sujar, outra grande experiência esperando por você é a construção de um mini-fogão solar. Imagine reunir algumas caixas de papelão, papel alumínio e uma pequena panela em um dia ensolarado. Ao construir e ajustar este fogão, você não apenas cria uma ferramenta útil, como também aplica teorias sobre calor, radiação e condução. Quando a luz solar passa pelas aberturas, apesar de não conquistar o poder de cozinhar um banquete, você se aproxima da física na prática e do que ela pode fazer com o mundo ao seu redor.

Cada atividade traz consigo uma oportunidade de aprendizado e descoberta. Ao redor de nós, um universo repleto de ciências espera por aqueles dispostos a agir. É onde reside o verdadeiro significado de inovação: não apenas nas inovações tecnológicas, mas também na transformação de pequenos atos diários em viagens de aprendizado e autoconhecimento.

Por tanto, eu desafio você! A que atividades do dia a dia pode aplicar o que aprendeu? Proponha-se criar desafios: seja ensaiando um novo prato na cozinha, explorando os arredores de sua casa enquanto registra o comportamento do movimento, ou construindo um dispositivo que aproveite energias sustentáveis. Cada experiência tornar-se-á um passo para desenvolver um entendimento mais amplo da física e seu impacto não apenas em sua vida, mas no planeta como um todo.

Prepare-se para experimentar a maravilha da física em ação em seu cotidiano. A jornada de aprendizado é longa e repleta de surpresas, mas cada pequeno passo pode levar a inovações grandiosas. A física não é só ciência; é uma oportunidade diária de entender e transformar o mundo ao nosso redor!

A conexão da física com a tecnologia moderna é um tema fascinante e repleto de exemplos que ilustram como a ciência permeia nosso dia a dia, proporcionando transformações radicais em várias áreas. Pense em como seus dispositivos simples, como smartphones, revolucionam a comunicação e como isso é, em essência, um milagre da física. Nas ondas eletromagnéticas que transportam a sua voz de forma instantânea para outra pessoa, está a magia dos princípios físicos em ação. A eletricidade que alimenta esses aparelhos, a mecânica envolvida em seu funcionamento, tudo isso revela o quanto a física é essencial para a tecnologia contemporânea.

Ao explorarmos as inovações que moldaram o mundo moderno, logo nos deparamos com histórias inspiradoras de cientistas e inventores. Uma figura emblemática se destaca: Nikola Tesla. Suas contribuições na área de eletricidade, como a corrente alternada, não apenas transformaram a geração e o fornecimento de eletricidade, mas também abriram portas para novas possibilidades que todos desfrutamos hoje. A partir de suas descobertas, a energia elétrica se tornou um bem acessível, mudando a forma como vivemos e interagimos.

Por outro lado, não podemos ignorar como a física impactou diretamente o setor de saúde. Tecnologias médicas como ultrassonografia e ressonância magnética são, na verdade, produtos da aplicação prática dos princípios da física. Em uma sala de exames, pacientes se deparam com aparelhos que utilizam ondas sonoras ou campos magnéticos para visualizar estruturas internas do corpo humano. Essas invenções não apenas melhoraram a precisão dos diagnósticos, mas também salvaram milhares de vidas ao permitir intervenções rápidas e eficazes.

E enquanto olhamos para o futuro, vemos que unir a ciência à sustentabilidade é o caminho que devemos seguir. A inovação tecnológica está assumindo medidas que ajudam a preservar o meio ambiente e a criar um futuro mais viável. Os veículos elétricos, por exemplo, incorporam uma compreensão robusta da física e representam uma evolução na forma como nos locomovemos. Eles não apenas reduzem a emissão de poluentes, mas também utilizam princípios de conversão e armazenamento de energia, mostrando como a física segue sendo um pilar na busca por soluções sustentáveis.

Então, ao considerarmos as aplicações práticas da física, convidamos todos a refletir sobre seu papel. Como podemos aplicar esse conhecimento em nosso cotidiano? Pense em projetos que você pode iniciar, como a construção de um pequeno gerador eólico com materiais reciclados. Experimente reunir amigos para criar soluções sustentáveis baseadas no que aprenderam. É apenas explorando os desafios e provocando discussões que eles se tornam oportunidades para a inovação.

O que você escolherá fazer com essa nova percepção sobre a física e suas potências? A resposta está em suas mãos, pronta para ser moldada em ações que farão a diferença, não só para você, mas para todo o planeta. O futuro é promissor, e a física é uma luz que o guiará por esse caminho cheio de potencial para a transformação e a sustentabilidade. E lembre-se, com cada pequeno passo dado, você está criando um impacto significativo na busca por um mundo melhor.

Desafios Ambientais e o Papel da Física

Em um mundo que enfrenta crises climáticas e ambientais sem precedentes, é vital parar e refletir sobre a intersecção entre a física e as soluções sustentáveis. O aquecimento global, o derretimento das calotas polares, a escassez de água e a degradação dos ecossistemas são apenas alguns dos sintomas de um planeta que clama por estratégias inovadoras. Assim, cabe à física, com seu profundo entendimento dos princípios naturais, oferecer respostas e dirigir nossa maneira de agir.

A física pode nos ajudar a compreender fenômenos essenciais para a conservação da natureza, como o ciclo da água e a transferência de energia. Um exemplo claro é a captação de água da chuva. Ao projetar um sistema de coleta que utilize os telhados como superfícies condutoras, podemos armazenar água para irrigação e consumo. Isso não apenas promove a conservação dos recursos hídricos, mas se alinha à física do movimento dos fluidos e à gravidade.

 Além disso, é imperativo que as novas gerações reconheçam a importância de utilizar a física para a geração de energia limpa. As fontes renováveis, como a energia solar e eólica, são exemplos práticos de como os conceitos físicos se traduzem em soluções viáveis. A construção de painéis solares e turbinas eólicas, que podem ser montados até mesmo em ambientes escolares, promove não apenas a educação em ciências, mas também a capacidade de inovação entre jovens mentes.

 Inspirando-se nessas possibilidades, que tal partir para a ação? Junte um grupo de amigos, familiares ou colegas de classe e desenvolva um projeto que busque implementar soluções simples de sustentabilidade na sua comunidade. Um projeto de hortas urbanas, por exemplo, pode envolver a criação de um sistema de irrigação que aproveite os princípios da captação de água da chuva. Através do cuidado com as plantas, os participantes aprenderão sobre fotossíntese e biodiversidade, ao mesmo tempo em que contribuem para um ambiente mais saudável.

Experimentos práticos ajudam a reforçar o aprendizado, e é crucial que esses desafios sejam compartilhados entre a comunidade. Pense em organizar dias temáticos, como "Dia da Sustentabilidade" ou "Feira de Ciências Ecológicas". Essas oportunidades ajudam a discutir, debater e colocar em prática as questões ambientais que tanto nos afligem. Ao engajar indivíduos em ações coletivas, não apenas incentivamos a descoberta e a colaboração, mas também criamos uma rede de apoio para promover práticas sustentáveis no dia a dia.

O papel da física e das ciências exatas, em seu conjunto, será sempre uma divisão vital nesse esforço. Propagar o conhecimento que revolucionou nosso entendimento do mundo é mais do que uma responsabilidade; é uma oportunidade de mudança. Como pode a física, em sua essência, transformar nosso olhar sobre o futuro? Fique atento! À medida que as gerações mais jovens se aproximam da ciência, elas devem ser incentivadas a pensar criticamente e a desafiar convenções.

Então, como você planeja fazer parte dessa mudança? O importante é oferecer espaço para que ideias novas floresçam, e isso pode acontecer nas caminhadas pelos parques, nas reuniões nas escolas ou em encontros virtuais. Caminhando juntos, somos capazes de construir um futuro mais sustentável, pois a cada nova descoberta na física, surge uma nova forma de se relacionar com nosso meio ambiente.

Resoluto, encorajo você a elaborar grupos de trabalho, implemente ideias inovadoras e veja, a partir das ações coletivas, como pequenos gestos podem ter enormes impactos! A soma de esforços traz à tona a inversão dessa história que, durante muito tempo, pareceu irreversível. A mudança é possível, e a física é uma aliada nesse caminho! Portanto, vamos juntos transformar conhecimento em prática, ação em responsabilidade, e responsabilidade em legado para o nosso planeta.

Futuro da Física e Seu Impacto Social

À medida que navegamos pelas transformações que a física e sua aplicação trazem para a sociedade, a pergunta que merece destaque é: como podemos moldar um futuro que valorize a ciência e as inovações de maneira consciente e responsável? O papel da física deve ir além de ser uma simples disciplina acadêmica; deve ser um farol que guia a busca por soluções sustentáveis que atendam às demandas e desafios globais.

Os jovens de hoje estão em uma posição privilegiada para fazer a diferença. Eles serão os agentes de mudança que enfrentarão problemas como a crise climática, o desperdício de recursos e a escassez de água. Por isso, é crucial que cultivemos uma nova perspectiva sobre o aprendizado da física, um entendimento que flua nas direções da inclusão e da responsabilidade social. O conhecimento se torna uma ferramenta poderosa quando empregado em prol do coletivo.

Profissões nas ciências exatas e afins estão em ascensão, e a demanda por profissionais com habilidades técnicas está se intensificando a cada dia. Engenheiros, pesquisadores e especialistas em energias renováveis são apenas algumas das profissões que amalgamam a física em seu cerne. Cada vez mais, o mercado requer jovens que possam começar a pensar criticamente, resolver problemas e inovar. O que parece um desafio se transforma em uma vantagem — uma oportunidade inestimável de contribuir de forma tangível para um futuro melhor.

Expor os leitores a carreiras que integram ciência e impacto social pode acender a chama da curiosidade. Não se trata apenas de aprender os princípios da física, mas sim de como aplicar esse conhecimento no contexto de desafios reais. Isso traz à tona a necessidade de um legado educacional dinâmico e engajado, que prepare os estudantes para ser tanto cientistas quanto cidadãos ativos em suas comunidades.

Convidamos você, leitor, a dar o próximo passo nesta jornada. Participe de eventos científicos, exposições e feiras onde o conhecimento se transforma em ação. Conecte-se com pessoas que compartilham suas paixões e visões, crie grupos de estudo e envolva-se em projetos que despertem o espírito investigativo. Cada pequena ação conta, e o que pode parecer uma gota no oceano se transforma em ondas que podem mudar o curso de nossas vidas.

A física não é simplesmente um conjunto de fórmulas e leis; é uma lente através da qual podemos ver e interagir com o mundo. Ela nos ensina a explorar, descobrir e, sobretudo, questionar. Qual é o seu papel nesta grande trama? Dê um passo à frente, escolha estar envolvido e torne-se um representante ativo na construção de um futuro que valorize o saber e a responsabilidade. Ao fazermos isso, não estamos apenas aprendendo física; estamos invigorando um potencial que pode sim, transformar o mundo.

Ao longo deste capítulo, fica clara uma mensagem poderosa: a responsabilidade pelo futuro da física, e pelo nosso futuro, é um compromisso de todos. Invista em seu conhecimento e pratique o que aprendeu. Juntos, seremos capazes de iluminar caminhos, conectar a paixão pela ciência à ação prática, e assim, moldar um amanhã mais justo, sustentável e cheio de possibilidades.

Capítulo 12: Reflexões Finais e Desafios Futuros

A Física no Cotidiano

Em meio às rotinas e às pequenas distrações do dia a dia, é fácil que a magia da física passe despercebida. Porém, uma simples pausa para observar ao nosso redor revela como a ciência se entrelaça em todas as ações que realizamos. Desde o ato de caminhar até as complexidades de um eletrodoméstico, a física não só existe como influencia diretamente a nossa experiência de vida. Nisto, encontramos um convite à reflexão e uma oportunidade para tornar o que é ordinário em extraordinário.

Imagine-se ao acordar pela manhã. A energia que faz com que você se mova, a gravidade que lhe puxa para baixo, a luz que entra pela janela e ativa seus sentidos. Cada movimento seu é uma pendência física, um lembrete das leis que governam o universo. Você já percebeu como um simples vaso de plantas depende da gravidade para a água descer até suas raízes, ou como o calor do sol, via radiação, dá vida a tudo ao seu redor? Esses detalhes, embora invisíveis, são engrenagens complexas que, quando reconhecidas, ampliam significativamente nossa percepção do mundo.

Pense também na magia que acontece quando você faz uma simples refeição. Ao misturar ingredientes em uma panela, a química se transforma em física. O calor transita através de diferentes materiais, alterando estados e texturas. É nesse momento que você percebe que um prazer cotidiano é, na verdade, uma espetacular demonstração de princípios físicos em ação. Cada receita, cada ingrediente, é uma pequena lição sobre transferências de energia e reações químicas. Não são apenas refeições; são experiências vivas de aprendizado.

E que tal explorarmos a essência do movimento? Quando você pedala uma bicicleta, está utilizando a força para transformar o impulso em movimento. A resistência do ar, os atritos na estrada, cada detalhe singular da sua interação com o ambiente se torna um elefante no espaço de muitas explorações, uma dança contínua entre você e o mundo. Isso não é apenas recreativo; é um aprendizado ativo sobre os princípios que regem a vida sedentária dos objetos.

Para estimular sua mente criativa, que tal tentar algo um pouco mais ambicioso, como construir um pequeno projeto científico? Aproveitando coisas simples, como garrafas PET e materiais recicláveis, você poderia criar um mini-fogão solar. O processo de construção em si é uma aula prática sobre energia e sua conversão. Ao capturar a luz do sol, você aplica teoria em prática, evidenciando como os conceitos se manifestam em realidades úteis.

Além disso, as inovações tecnológicas contemporâneas ressaltam ainda mais a importância da física no cotidiano. Você sabia que a internet que conecta você ao mundo, as mensagens instantâneas e as redes sociais são, na verdade, realizadas através de princípios fundamentais de ondas eletromagnéticas? Cada interação digital, ainda que aplicada de forma simples, está imersa em profundos conhecimentos científicos que moldaram nosso mundo moderno.

É preciso ressaltar que a curiosidade é a chave que destranca a porta do aprendizado. Portanto, incentivo você a olhar ao redor. Pergunte-se como pode ver a física em sua vida. Que tarefas cotidianas podem ser transformadas em experiências de aprendizado? A transformação começa pelo olhar atento e pela disposição em explorar. Que tal colocar as mãos à obra e experimentar essas ideias? Com isso, você não só torna sua rotina mais interessante, mas ainda introduz um elemento de descoberta à sua vida diária.

Ao encontrarmos a física em nossas atividades cotidianas, estamos na verdade abraçando a ciência e permitindo que ela nos guie. Este capítulo é só o começo. Convido você à exploração contínua; que as pequenas experiências físicas desvendem um mundo maior e imensurável, habitado não apenas por conceitos, mas por uma vida rica em significado e aprendizado.

O futuro da física é promissor e, para você, que está em busca de oportunidades de carreira, os caminhos que podem ser trilhados são vastos e variados. As ciências exatas e, em especial, a física, oferecem uma multidão de possibilidades que vão desde a engenharia até a pesquisa científica, passando pelas áreas de tecnologia e educação. Cada uma dessas profissões é impregnada de desafios, mas também repleta de recompensas, tanto acadêmicas quanto pessoais.

Ao refletirmos sobre a importância da física no mundo contemporâneo, não podemos deixar de notar como essa disciplina é a base de inúmeras inovações tecnológicas. As engrenagens que movem os avanços em campos como a medicina, telecomunicações, energias renováveis e muito mais, são feitas de conceitos físicos. Cada celular que usamos, cada procedimento médico que salva uma vida, carrega consigo a essência da física aplicada. Portanto, compreendê-la e aplicá-la pode abrir portas para carreiras promissoras.

Um estudante chamado Fernanda ilustra isso perfeitamente. Desde cedo intrigada pela ciência, ela se dedicou a entender como as coisas funcionam. Durante anos, mergulhou em livros e experimentos de física, e, ao concluir o ensino médio, decidiu seguir carreira na engenharia. No campus da universidade, não só adquiriu conhecimento, mas também fez contatos incríveis que a ajudaram a expandir suas ideias. Hoje, como engenheira de energias renováveis, Fernanda participa ativamente de projetos que não apenas promovem a inovação tecnológica, mas que também têm um impacto direto na sustentabilidade do nosso planeta.

Entretanto, é preciso esclarecer que escolher uma carreira na ciência vai além da simples curiosidade acadêmica. Requer um compromisso com a aprendizagem contínua e a disposição de explorar novas fronteiras do conhecimento. As ciências, como a física, estão em constante evolução, e novos desafios surgem a todo momento. Portanto, o aprendizado deve acompanhar essa dinâmica, envolvendo-se em cursos, palestras e workshops que agreguem valor à sua formação.

Um ponto crucial que não pode ser ignorado é a importância das experiências práticas. Projete o seu aprendizado dentro do ambiente escolar e comunique-se de forma proativa com seus professores e colegas. Participe de feiras de ciências, grupos de estudo e competições. Esses espaços são verdadeiros laboratórios de ideias que permitem a aplicação dos conceitos de física em situações reais, além de proporcionar experiências valiosas de networking.

Quando olhamos para o que o futuro nos reserva, também vemos um campo fértil para a inovação. Profissões que integram a física com questões sociais e ambientais estão ganhando destaque. Reflita sobre isso: como a sua paixão por física pode contribuir para o mundo? Ao abordar problemas como a escassez de água, poluição ou mudanças climáticas, as soluções que surgem desse cruzamento entre ciência e ação social são frequentemente as mais impactantes.

Incentive-se a tomar parte ativa nesse processo. Converse com profissionais da área, procure estágios e experiências que abram a mente para novas possibilidades. Quais áreas da física mais chamam sua atenção? Que tipo de impacto você gostaria de deixar no mundo? Essas perguntas são essenciais para moldar seu caminho, sejam nas linhas de pesquisa que escolher seguir, seja nos projetos que decidir abraçar.

Portanto, ao encarar o futuro da ciência e seu papel nele, mantenha os olhos abertos às oportunidades. A física não é apenas uma matéria; é uma chave que desbloqueia um universo repleto de possibilidades. É hora de agir, de experimentar, de se envolver. O futuro espera por você e os desafios que você estará disposto a enfrentar podem se transformar nas suas maiores conquistas. Lembre-se: a jornada é tanto uma exposição da sua curiosidade quanto um reflexo do seu compromisso com o aprendizado e inovação. Agora é sua vez de construir essa história.

Criar um verdadeiro impacto através da física se transforma em uma oportunidade incrível, capaz de não apenas inspirar novas gerações, mas também de transformar as ideias e projetos que realizamos a cada dia. No final desse livro, convido você a ser um agente ativo dessa mudança, a não apenas consumir conhecimento, mas a aplicá-lo.

Ao desenvolver projetos e experimentos que integram a física no cotidiano, as possibilidades são vastas. Podemos iniciar com algo simples e ao mesmo tempo fascinante: a construção de um carro movido a energia solar. Imagine reunir um painel solar simples, rodas e um motor elétrico. Com materiais simples, como garrafas plásticas e caixa de papelão, você poderá montar um carro que não apenas se move, mas que traz consigo uma reflexão sobre a energia renovável e a eficiência. Essa atividade pode ser um divisor de águas não só na sua compreensão da física, mas também na forma como você enxerga a sustentabilidade.

Outra ideia para colocar a mão na massa e explorar a física é criar um vulcão de bicarbonato. Com uma garrafa, vinagre e bicarbonato de sódio, é possível observar uma reação química que simula uma erupção. Essa experiência mostra que, entre garfadas e risadas, a química e a física podem ser protagonistas de momentos divertidos e educativos no seu cotidiano. Experiências como essa não apenas tornam o aprendizado mais claro, mas também podem despertar um amor à ciência que pode se estender por toda a vida.

E que tal projetar uma feira de ciências em sua escola ou comunidade? Um evento que reuna jovens cientistas para apresentar seus projetos pode ser uma grande vitrine de criatividade e inovação. Incentive apresentações que não apenas expliquem teorias físicas, mas que proporcionem experiências interativas. Proporcione um espaço onde todos possam aprender e se entusiasmar com a ciência. Este exercício coletiva fortalece o aprendizado, além de criar um ambiente de compartilhar práticas sustentáveis.

As histórias e experiências de empreendedores que mudaram o mundo com inovações científicas são testemunhos incrivelmente inspiradores. Olhe para figuras como Thomas Edison e Nikola Tesla, que mostraram o poder da perseverança e inovação. Cada um deles não apenas enfrentou e superou desafios, mas transformou suas paixões em realizações que mudaram o curso da história. O Lembre-se de que a física que você aprende hoje pode ser a chave para soluções que resolverão problemas amanhã.

A jornada não termina aqui. Convido você a permanecer curioso! Participe de clubes de ciência, inscreva-se para aulas ou workshops que despertem sua paixão e incentivem o aprendizado. Não se esqueça de que ciência não é só sobre aprender fórmulas e teorias; é sobre questionar o mundo que nos rodeia e buscar entender cada vez mais. O este livro é seu ponto de partida para uma vida onde a apaixonante dança della física se integra com a realidade e transforma seus sonhos em conquistas.

Cada pequeno passo dado em direção ao aprendizado é um investimento no futuro — não apenas o seu, mas de todos ao seu redor. Então, encare os desafios, busque inovações e deixe sua marca no mundo, porque o impacto da física pode ser verdadeiramente grandioso, e começa com você. A física não é uma disciplina distante; é uma linguagem que traduz a maravilha do universo em experiências mais ricas e significativas. Vamos juntos moldar um futuro repleto de possibilidades e inovações que farão a diferença.

A cada projeto, a cada envolvimento, a cada ação prática que você decidir executar, estará construindo mais do que conhecimento: estará criando um legado de curiosidade, paixão e compromisso com um mundo melhor. Portanto, mão na massa! Isso vai além de livros e sala de aula; é sobre experimentar, aplicar e viver a ciência na prática. Opcione por explorar, aprender, e não se esqueça: o futuro é sua escolha.

Inspirar-se no poder da curiosidade e na capacidade de inovar é a essência de um aprendizado contínuo. À medida que nos propomos a entender o papel significativo da física em nosso cotidiano, encontramos inúmeras maneiras de aplicar esse conhecimento de forma prática e transformadora. E assim, encorajo você a adotar uma mentalidade curiosa ao explorar o mundo ao seu redor.

O que você pode fazer para que a física se torne uma parte mais ativa e emocionante de sua vida? Comece pensando em pequenos experimentos que pode realizar com materiais simples à mão. Quem diria que a física poderia ser demonstrada em uma simples garrafa térmica? Ao experimentar a forma como diferentes substâncias retêm calor, é possível entender como a transferência de energia funciona de maneira prática. Assim sendo, crie oportunidades onde conceitos físicos ganhem vida, permitindo que interajam com sua rotina, como construir um medidor de vento caseiro ou mesmo explorar a navegação com bússolas e mapas.

Eventos como feiras de ciências ou competições promovem uma plataforma vibrante para colocar em prática o que se aprende. Um ótimo exemplo seria organizar um evento em sua escola local onde estudantes possam apresentar experimentos inovadores, discutir suas descobertas e inspirar uns aos outros. Torne-se um facilitador desse ambiente, conectando jovens mentes com o conhecimento da física de uma maneira que seja tanto divertida quanto educativa. A experiência e a troca de ideias são fundamentais neste diálogo científico, e você se torna parte ativa desta construção.

É essencial não apenas ver, mas sentir o aprendizado. Ao colocar a física em prática, você reconhece que cada ato, mesmo os mais simples, se desdobra em algo maior. Uma aula de culinária, por exemplo, pode se transformar em uma experiência que une química e física. Ao fazer o pães, observe como a pressão e o calor atuam nos ingredientes. Essa vivência acaba conferindo uma nova e enriquecedora compreensão do que antes se pensava ser apenas uma receita.

Na mesma linha, as inovações tecnológicas também se encontram profundamente enraizadas nos princípios físicos. Seja a utilização de métodos de compressão de dados, que envolvem a termodinâmica e eletromagnetismo, ou mesmo o desenvolvimento de biocombustíveis, tudo isso remete à física em seu estado mais puro e prático. Este conhecimento adquirido poderá um dia destacar sua carreira em ciência ou tecnologia, porque quanto mais você experimenta, mais disposto ficará a inovar e médicos fornecer melhores soluções para nosso mundo.

Essa conexão entre a física, suas aplicações na vida real e a inovação é fundamental quando pensamos em um futuro sustentável. À medida que nos tornamos mais conscientes das questões ambientais e da necessidade de transformação social, a física se revela como uma ferramenta poderosa para revolucionar práticas e criar soluções que impactam a vida de bilhões de pessoas. Pense em como tecnologias verdes — como turbinas de vento ou sistemas solares — nos ajudam a reduzir a dependência de combustíveis fósseis e a mitigar os efeitos da mudança climática. Engaje-se nesse esforço! A sua manifestação e participação ativa na promoção da ciência e estudos ambientais podem vir a fazer a diferença.

    Seja persistente e continue explorando. Tente olhar para o mundo como um grande laboratório, onde cada pequena experiência se traduz em aprendizado e inovação. A física não é apenas uma disciplina para ser estudada em livros; ela é uma parte integral da vida e das transformações de nossa sociedade. Ao levar os conceitos para fora da sala de aula — e para o mundo real — você estará contribuindo para um futuro onde a curiosidade e a inovação caminham lado a lado.

    Agora, com este novo entendimento sobre a física em ação, faça um compromisso com seu próprio aprendizado. Inspire-se e convide amigos ou familiares a se juntarem a você nesta jornada empolgante. Crie, explore e não tenha medo de errar! Afinal, como você já aprendeu, cada erro traz consigo um ensinamento inestimável, moldando assim os fundamentos de um futuro brilhante e inovador. Esse é o seu convite — agarre com ambas as mãos a chance de ser o agente de mudança que o mundo precisa. A física espera por você!

A jornada que você acabou de percorrer neste livro é uma celebração da física e de suas infinitas conexões com a vida cotidiana. Ao longo das páginas, aprendemos que a física não é apenas uma coleção de fórmulas e teorias, mas um verdadeiro portal para a exploração, a criatividade e a inovação. Através dos exemplos práticos e dos projetos que propus, espero que você tenha encontrado maneiras de ver o mundo ao seu redor com um olhar mais curioso e atento.

Cada conceito apresentado é uma chave que pode abrir novas portas em sua mente. Nunca subestime o poder do conhecimento. À medida que você se aventura no futuro, leve consigo a certeza de que a física pode ser uma aliada poderosa na busca por soluções sustentáveis e inovações que melhorem a vida de todos nós.

Lembre-se de que a curiosidade é o seu maior ativo. Permita-se perguntar, explorar e experimentar. As descobertas mais significativas muitas vezes surgem de questões simples e de experimentos realizados com entusiasmo.

O caminho à frente está repleto de oportunidades para você se tornar um agente de mudança em sua comunidade e no mundo. Nunca hesite em compartir suas ideias, colaborar com outros e criar soluções que atendam aos desafios contemporâneos. O amanhã pertencerá àqueles que se atreverem a sonhar e a agir.

Obrigado por embarcar nesta jornada comigo. Estou animado para ver onde suas descobertas e inovações o levarão!

Com entusiasmo e esperança,
Ezequias de Souza Ferraz Júnior

www.ingramcontent.com/pod-product-compliance
Lightning Source LLC
Chambersburg PA
CBHW050303230526
45471CB00005B/1997